페르마가 만든 약수와 배수

11 페르마가 만든 약수와 배수

초판 1쇄 발행일 | 2008년 2월 29일
초판 9쇄 발행일 | 2020년 5월 26일

지은이 | 장명숙
펴낸이 | 정은영
펴낸곳 | (주)자음과모음

출판등록 | 2001년 11월 28일 제2001-000259호
주소 | 04047 서울시 마포구 양화로6길 49
전화 | 편집부 (02)324-2347, 경영지원부 (02)325-6047
팩스 | 편집부 (02)324-2348, 경영지원부 (02)2648-1311
e-mail | jamoteen@jamobook.com

ISBN 978-89-544-1660-3 (04410)

천재들이 만든 수학퍼즐

11 페르마가 만든 약수와 배수

장명숙(M&G 영재수학연구소) 지음

(주)자음과모음

추천사

수학에 대한 막연한 공포를 단번에 날려 버리는 획기적 수학 퍼즐 책!

추천사를 부탁받고 처음 원고를 펼쳤을 때, 저도 모르게 탄성을 질렀습니다. 언젠가 제가 한번 써 보고 싶던 내용이었기 때문입니다. 예전에 저에게도 출판사에서 비슷한 성격의 책을 써 볼 것을 권유한 적이 있었는데, 재미있겠다 싶었지만 시간이 없어서 거절해야만 했습니다.

생각해 보면 시간도 시간이지만 이렇게 많은 분량을 쓰는 것부터가 벅찬 일이었던 것 같습니다. 저는 한 권 정도의 분량이면 이와 같은 내용을 다룰 수 있을 거라 생각했는데, 이번 책의 원고를 읽어 보고 참 순진한 생각임을 알았습니다.

저는 지금까지 수학을 공부해 왔고, 또 앞으로도 계속 수학을 공부할 사람으로서, 수학이 대단히 재미있고 매력적인 학문이라 생각합니다만, 대부분의 사람들은 수학을 두려워하며 두 번 다시 보고 싶지 않은 과목으로 생각합니다. 수학이 분명 공부하기에 쉬운 과목은 아니지만, 다른 과목에 비해 '끔찍한 과목' 으로 취급받는 이유가 뭘까요? 제

생각으로는 '막연한 공포' 때문이 아닐까 싶습니다.

무슨 뜻인지 알 수 없는 이상한 기호들, 한 줄 한 줄 따라가기에도 벅찰 만큼 어지럽게 쏟아져 나오는 수식들, 그리고 다른 생각을 허용하지 않는 꽉 짜여진 '모범 답안'이 수학을 공부하는 학생들을 옥죄는 요인일 것입니다.

알고 보면 수학의 각종 기호는 편의를 위한 것인데, 그 뜻을 모른 채 무작정 외우려다 보니 더욱 악순환에 빠지는 것 같습니다. 첫 단추만 잘 끼우면 수학은 결코 공포의 대상이 되지 않을 텐데 말입니다.

제 자신이 수학을 공부하고, 또 가르쳐 본 사람으로서, 이런 공포감을 줄이는 방법이 무엇일까 생각해 보곤 했습니다. 그 가운데 하나가 '친숙한 상황에서 제시되는, 호기심을 끄는 문제'가 아닐까 싶습니다. 바로 '수학 퍼즐'이라 불리는 분야입니다.

요즘은 수학 퍼즐과 관련된 책이 대단히 많이 나와 있지만, 제가 《재미있는 영재들의 수학퍼즐》을 쓸 때만 해도, 시중에 일반적인 '퍼즐 책'은 많아도 '수학 퍼즐 책'은 그리 많지 않았습니다. 또 '수학 퍼즐'과 '난센스 퍼즐'이 구별되지 않은 채 마구잡이로 뒤섞인 책들도 많았습니다.

그래서 제가 책을 쓸 때 목표로 했던 것은 비교적 수준 높은 퍼즐들을 많이 소개하고 정확한 풀이를 제시하자는 것이었습니다. 목표가 다소 높았다는 생각도 듭니다만, 생각보다 많은 분들이 찾아 주어 보통

시람들이 '수학 퍼즐' 을 어떻게 생각하는지 알 수 있는 좋은 기회가 되기도 했습니다.

문제와 풀이 위주의 수학 퍼즐 책이 큰 거부감 없이 '수학을 즐기는 방법' 을 보여 주었다면, 그 다음 단계는 수학 퍼즐을 이용하여 '수학을 공부하는 방법' 이 아닐까 싶습니다. 제가 써 보고 싶었던, 그리고 출판사에서 저에게 권유하였던 것이 바로 이것이었습니다.

수학에 대한 두려움을 없애 주면서 수학의 기초 개념들을 퍼즐을 이용해 이해할 수 있다면, 이것이야말로 수학 공부의 첫 단추를 제대로 잘 끼웠다고 할 수 있지 않을까요? 게다가 수학 퍼즐을 풀면서 느끼는 흥미는, 이해도 못한 채 잘 짜인 모범 답안을 달달 외우는 것과는 전혀 다른 즐거움을 줍니다. 이런 식으로 수학에 대한 두려움을 없앤다면 당연히 더 높은 수준의 수학을 공부할 때도 큰 도움이 될 것입니다.

그러나 이런 이해가 단편적인 데에서 그친다면 그 한계 또한 명확해질 것입니다. 다행히 이 책은 단순한 개념 이해에 그치지 않고 교과 과정과 연계하여 학습할 수 있도록 구성되어 있습니다. 이 과정에서 퍼즐을 통해 배운 개념을 더 발전적으로 이해하고 적용할 수 있어 첫 단추만이 아니라 두 번째, 세 번째 단추까지 제대로 끼울 수 있도록 편집되었습니다. 이것이 바로 이 책이 지닌 큰 장점이자 세심한 배려입니다. 그러다 보니 수학 퍼즐이 아니라 약간은 무미건조한 '진짜 수학 문제' 도 없지는 않습니다. 그러나 수학을 공부하기 위해 반드시 거쳐야

하는 단계라고 생각하세요. 재미있는 퍼즐을 위한 중간 단계 정도로 생각하는 것도 괜찮을 것 같습니다.

수학을 두려워하지 말고, 이 책을 보면서 '교과서의 수학은 약간 재미없게 만든 수학 퍼즐' 일 뿐이라고 생각하세요. 하나의 문제를 풀기 위해 요모조모 생각해 보고, 번뜩 떠오르는 아이디어에 스스로 감탄도 해 보고, 정답을 맞히는 쾌감도 느끼다 보면 언젠가 무미건조하고 엄격해 보이는 수학 속에 숨어 있는 아름다움을 음미하게 될 것입니다.

고등과학원 연구원

박 부 성

추천사

영재교육원에서 실제 수업을 받는 듯한 놀이식 퍼즐 학습 교과서!

《천재들이 만든 수학퍼즐》은 '우리 아이도 영재 교육을 받을 수 없을까?' 하고 고민하는 학부모들의 답답한 마음을 시원하게 풀어 줄 수학 시리즈물입니다.

이제 강남뿐 아니라 우리 주변 어디에서든 대한민국 어머니들의 불타는 교육열을 강하게 느낄 수 있습니다. TV 드라마에서 강남의 교육을 소재로 한 드라마가 등장할 정도니 말입니다.

그러나 이러한 불타는 교육열을 충족시키는 것은 그리 쉬운 일이 아닙니다. 서점에 나가 보면 유사한 스타일의 문제를 담고 있는 도서와 문제집이 다양하게 출간되어 있지만 전문가들조차 어느 책이 우리 아이에게 도움이 될 만한 좋은 책인지 구별하기가 쉽지 않습니다. 이렇게 천편일률적인 책을 읽고 공부한 아이들은 결국 판에 박힌 듯 똑같은 것만을 익히게 됩니다.

많은 학부모들이 '최근 영재 교육 열풍이라는데……' '우리 아이도 영재 교육을 받을 수 없을까?' '혹시…… 우리 아이가 영재는 아닐까?' 라고 생각하면서도, '우리 아이도 가정 형편만 좋았더라면……' '우리 아이도 영재교육원에 들어갈 수만 있다면……' 이라고 아쉬움을 토로하는 것이 현실입니다.

현재 우리나라 실정에서 영재 교육은 극소수의 학생만이 받을 수 있는 특권적인 교육 과정이 되어 버렸습니다. 그래서 더더욱 영재 교육에 대한 열망은 높아집니다. 특권적인 교육 과정이라고 표현했지만, 이는 부정적인 표현이 아닙니다. 대단히 중요하고 훌륭한 교육 과정이지만, 많은 학생들에게 그 기회가 돌아가기 힘들다는 단점을 지적했을 뿐입니다.

이번에 이러한 학부모들의 열망을 실현시켜 줄 수학책《천재들이 만든 수학퍼즐》이 출간되어 장안의 화제가 되고 있습니다.《천재들이 만든 수학퍼즐》은 영재 교육의 커리큘럼에서 다루는 주제를 가지고 수학의 원리와 개념을 친절하게 설명하고 있어서, 책을 읽는 동안 마치 영재교육원에서 실제로 수업을 받는 느낌을 가지게 될 것입니다.

단순한 문제 풀이가 아니라 하나의 개념을 여러 관점에서 풀 수 있는 사고력의 확장을 유도해서 다양한 사고방식과 창의력을 키워 주는 것이 이 시리즈의 장점입니다.

여기서 끝나지 않습니다.《천재들이 만든 수학퍼즐》은 제목에서 나타나듯 천재들이 만든 완성도 높은 문제 108개를 함께 다루고 있습니다. 이 문제는 초급 · 중급 · 고급 각각 36문항씩 구성되어 있는데, 하

나같이 본편에서 익힌 수학적인 개념을 자기 것으로 충분히 소화할 수 있도록 엄선한 수준 높고 다양한 문제들입니다.

수학이라는 학문은 아무리 이해하기 쉽게 설명해도 스스로 풀어 보지 않으면 자기 것으로 만들 수 없습니다. 상당수 학생들이 문제를 풀어 보는 단계에서 지루함을 못 이겨 수학을 쉽게 포기해 버리곤 합니다. 하지만 《천재들이 만든 수학퍼즐》은 기존 문제집과 달리 딱딱한 내용을 단순 반복하는 방식을 탈피하고, 빨리 다음 문제를 풀어 보고 싶게끔 흥미를 유발하여, 스스로 문제를 풀고 싶은 생각이 저절로 들게 합니다.

문제집이 퍼즐과 같은 형식으로 재미만 추구하다 보면 핵심 내용을 빠뜨리기 쉬운데 《천재들이 만든 수학퍼즐》은 흥미를 이끌면서도 가장 중요한 원리와 개념을 빠뜨리지 않고 전달하고 있습니다. 이것이 다른 수학 도서에서는 볼 수 없는 이 시리즈만의 미덕입니다.

초등학교 5학년에서 중학교 1학년까지의 학생이 머리는 좋은데 질 좋은 사교육을 받을 기회가 없어 재능을 계발하지 못한다고 생각한다면 바로 지금 이 책을 읽어 볼 것을 권합니다.

메가스터디 엠베스트 학습전략팀장

최 남 숙

머 리 말

핵심 주제를 완벽히 이해시키는
주제 학습형 교재!

영재 수학 교육을 받기 위해 선발된 학생들을 만나는 자리에서, 또는 영재 수학을 가르치는 선생님들과 공부하는 자리에서 제가 생각하고 있는 수학의 개념과 원리, 그리고 수학 속에 담긴 철학에 대한 흥미로운 이야기를 소개하곤 합니다. 그럴 때면 대부분의 사람들은 흥미로운 눈빛으로 나에게 이렇게 되묻곤 합니다.

"아니, 우리가 단순히 암기해서 기계적으로 계산했던 수학 공식들 속에 그런 의미가 있었단 말이에요?"

위와 같은 질문은 그동안 수학 공부를 무의미하게 했거나, 수학 문제를 푸는 기술만을 습득하기 위해 기능공처럼 반복 훈련에만 매달렸다는 것을 의미합니다.

이 같은 반복 훈련으로 인해 초등학교 저학년 때까지는 수학을 좋아하다가도 학년이 높아질수록 수학에 싫증을 느끼게 되는 경우가 많습니다. 심지어 많은 수의 학생들이 수학을 포기한다는 어느 고등학교 수학 선생님의 말씀은 이런 현상을 반영하는 듯하여 씁쓸한 기

분마저 들게 합니다. 더군다나 학창 시절에 수학 공부를 잘해서 높은 점수를 받았던 사람들도 사회에 나와서는 그렇게 어려운 수학을 왜 배웠는지 모르겠다고 말하는 것을 들을 때면 씁쓸했던 기분은 좌절감으로 변해 버리곤 합니다.

수학의 역사를 살펴보면, 수학은 인간의 생활에서 절실히 필요했기 때문에 탄생했고, 이것이 발전하여 우리의 생활과 문화가 더욱 윤택해진 것을 알 수 있습니다. 그런데 왜 현재의 수학은 실생활과는 별로 상관없는 학문으로 변질되었을까요?

교과서에서 배우는 수학은 $\frac{1}{2}\div\frac{2}{3}=\frac{1}{2}\times\frac{3}{2}=\frac{3}{4}$의 수학 문제에서 '정답은 얼마입니까?' 에 초점을 맞추고, 답이 맞았는지 틀렸는지에만 관심을 둡니다.

그러나 우리가 초점을 맞추어야 할 부분은 분수의 나눗셈에서 나누는 수를 왜 역수로 곱하는지에 대한 것들입니다. 학생들은 선생님들이 가르쳐 주는 과정을 단순히 받아들이기보다는 끊임없이 궁금증을 가져야 하고, 선생님은 학생들의 질문에 그들이 충분히 이해할 수 있도록 설명해야 할 의무가 있습니다. 그러기 위해서는 수학의 유형별 풀이 방법보다는 원리와 개념에 더 많은 주의를 기울여야 하고, 또한 이를 바탕으로 문제 해결력을 기르기 위해 노력해야 할 것입니다.

앞으로 전개될 영재 수학의 내용은 수학의 한 주제에 대한 주제 학습이 주류를 이룰 것이며, 이것이 올바른 방향이라고 생각합니다. 따라서 이 책도 하나의 학습 주제를 완벽하게 이해할 수 있도록 주제 학습형 교재로 설계하였습니다.

끝으로 이 책을 출간할 수 있도록 배려하고 격려해 주신 (주)자음과 모음 강병철 사장님께 감사드리고, 기획실과 편집부 여러분들께도 감사드립니다.

2008년 2월 M&G 영재수학연구소

홍 선 호

차 례

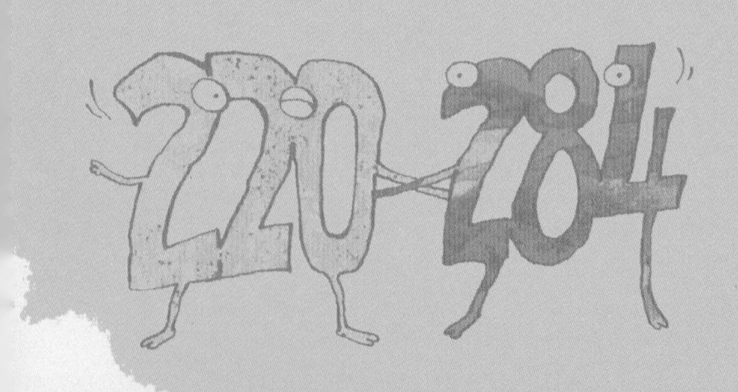

A 주제 설정의 취지 및 배경

지금 여러분의 주변에서 숫자가 사라진다면 어떻게 될까요?

돈 세기, 물건의 개수 세기, 시계 보기, 책 페이지 구분하기, 많고 적음 구별하기 등의 활동을 하면서 우리는 수와 밀접한 관계를 맺고 생활해 나갑니다. 복잡한 수나 계산식을 공부할 때에는 '생활에 필요한 간단한 사칙연산만 공부하면 되지. 이렇게 어려운 수학은 왜 공부하지?' 라는 의문이 생기기도 합니다. 우리가 수를 배우는 가장 일차적인 목적은 셈을 쉽게 하기 위해서이지만, 수학을 공부하는 이유는 그렇게 간단하지 않습니다.

요즈음의 우리 생활은 컴퓨터와 밀접하게 연관되어 있습니다. 컴퓨터를 이용하여 공부하기, 게임하기, 물건 사기, 영화보기, 이메일 주고받기, 각종 동영상 주고받기 등의 많은 일을 하고 있습니다. 컴퓨터의 기본이 수의 진법 중의 한 가지인 2진법이라는 사실을 알고 있을 것입니다. 또한 우주선을 쏘아 올리고 실험실에서의 각종 연구의 밑바탕이 되는 것 역시 수학입니다. 이렇게 수학은 우리의 미래를

결정지을 과학의 핵심이 되기도 합니다.

그렇다면 수학의 다양한 영역에서 가장 중요하고 기본적이며 아름다운 꽃은 무엇일까요? 수를 다양하게 표현하는 방법인 진법과 수의 체계를 다루는 수의 이론정수론입니다.

전자 상거래, 금융 거래, 사이버 쇼핑, 신용 카드 등에서 가장 중요한 암호를 만드는 것 역시 수의 이론이나 성질을 이용한 것입니다. 초등학교에서는 자연수의 범위 안에서 약수와 배수, 최소공배수, 최대공약수를 배우고, 약수에서 더 나아가 소수를 공부합니다.

이번 주제에서는 수학 공부의 중요한 기본이 되는 배수, 약수, 공배수, 공약수, 약수와 배수의 관계, 소수에 대하여 알아보고, 약수의 성질을 이용한 완전수, 부족수, 과잉수, 친화수, 부부수, 소수 및 곱셈 구구표에서 만나는 약수와 배수의 규칙들에 대하여 알아봅니다.

여러분이 이 책을 꼼꼼하게 읽으면서 우리 생활과 밀접하게 관련된 수학의 재미에 빠져들고 수학의 기초를 닦으며 생각하는 수학적 힘을 기르기를 기대해봅니다.

B 교과 과정과의 연계

구분	학년	단원명	연계되는 수학적 개념과 원리
초등학교	5-가	약수와 배수	• 배수, 약수 • 공배수와 최소공배수 • 공약수와 최대공약수
중학교	7-가	약수와 배수	• 소인수분해 • 최대공약수 • 최소공배수
	9-가	인수분해	• 인수분해의 공식
고등학교	10-가	인수분해	• 인수분해의 공식
		나머지 정리	• 인수정리와 고차식의 인수분해
		다항식의 약수와 배수	• 다항식의 최대공약수와 최소공배수 • 최대공약수와 최소공배수의 관계

C 이 책에서 배울 수 있는 수학적 원리와 개념

1. 배수의 뜻과 성질을 이해하고 자연수의 배수를 구할 수 있습니다.
2. 2, 3, 4, 5, 6, 8, 9의 배수판정법을 이해하고 어떤 수가 무슨 수의 배수인지 구할 수 있습니다.
3. 약수의 성질을 이해하고 다양한 방법으로 약수를 구할 수 있습니다.
4. 약수와 배수의 관계를 이해하고, 우리 생활 속에서 약수와 배

수의 활용을 알 수 있습니다.

5. 곱셈 구구표에서 수학적 규칙을 찾는 활동을 통하여 수학에 흥미를 느낄 수 있습니다.
6. 완전수, 부족수, 과잉수의 뜻을 알고 구할 수 있습니다.
7. 친화수, 부부수의 뜻을 알 수 있습니다.
8. 완전수, 부족수, 과잉수로 구분하는 활동을 통하여 숫자에 대한 흥미를 느낄 수 있습니다.
9. 합성수와 소수의 뜻을 알고 소수를 구할 수 있습니다.
10. 소수 연구의 중요성을 알고, 소수가 활용되는 곳을 알 수 있습니다.
11. 최소공배수, 최대공약수의 뜻을 알고 여러 가지 방법으로 구할 수 있습니다.

D 각 교시별로 소개되는 수학적 내용

1교시_ 우리 생활 속에 약수와 배수가 있어요

우리 생활 속에서 약수와 배수가 어떻게 활용되고 있는지 알아보고, 수를 크게 만들기도 하고 작게 분해할 수도 있는 약수와 배수의 중요성을 알아봅니다.

2교시 _ 배수

곱셈과 관련된 배수의 뜻을 알아보고, 어떤 수의 배수를 구할 수 있습니다. 또한 곱셈 구구표 2, 3, 4, 5, 6, 8, 9단에서 일정한 규칙을 찾아보고, 주어진 수가 어떤 수의 배수가 될 수 있는지 탐구해 봅니다. 더 나아가 주어진 큰 수가 어떤 수의 배수가 될 수 있는지 배수판정법을 이용하여 찾을 수 있습니다.

3교시 _ 약수

나눗셈과 관련된 약수의 뜻을 알아보고, 어떤 수의 약수를 다양한 방법을 이용하여 구할 수 있습니다. 수를 더 이상 나눌 수 없을 때까지 분해하는 소인수분해의 방법으로 약수를 빠짐없이 구할 수 있습니다.

4교시 _ 약수와 배수

A×B=C에서 A, B는 C의 약수이고, C는 A, B의 배수입니다. 약수와 배수의 관계가 성립하는 조건을 알아보고, 약수와 배수는 '분모는 다르지만 같은 크기의 분수 만들기' '분수 약분하기' 등을 공부하는 데 기초가 되는 내용임을 알게 됩니다.

5교시 _ 곱셈 구구표에 약수와 배수가 숨어 있어요

우리가 흔히 접하는 곱셈 구구표는 약수와 배수의 관계로 이루어졌습니다. 이러한 곱셈 구구표에서 수학적 성질을 탐구해 보는 활동을 하면서 수학자적인 체험을 해보고, 수학에 대한 흥미를 느낄 수 있습니다. 또한 단순하게 보이는 우리 주변의 일들을 수학적으로 탐구해 보는 경험을 합니다.

6교시 _ 변형 곱셈 구구표에도 규칙이 숨어 있어요

변형 곱셈 구구표를 완성하고, 곱셈 구구표와 마찬가지로 새로운 규칙을 찾아서 정리하는 활동을 합니다. 스스로 규칙을 찾아서 정리하는 과정 속에서 우리 주변에 숨어있는 수학적 원리를 깨닫습니다.

7교시 _ 진약수에는 비밀이 많아요–완전수, 부족수, 과잉수

만물의 근원을 수라고 했던, 피타고라스학파가 연구한 완전수, 부족수, 과잉수에 대해 탐구해 봅니다. 아직도 완전하게 정리되지 않은 완전수의 연구를 통해 우리가 매일 접하는 자연수의 약수에도 흥미로운 규칙이 있음을 발견하게 됩니다.

8교시 _ '나만의 데이'를 만들어 보아요

완전수, 부족수, 과잉수의 성질을 이용하여 '나만의 데이'를 만들어 보는 활동을 통하여 수에 의미를 부여하고자 했던 피타고라스학파의 수에 대한 생각을 유추해 봅니다.

1에서 30까지의 수를 완전수, 부족수, 과잉수로 구분 · 정리하면서 약수에 숨어있는 수학적 규칙들을 귀납적으로 발견합니다. 특히 제곱수에서 약수의 개수가 홀수라는 성질이 복잡한 수학 문제를 쉽게 해결하는 실마리가 되듯이 수학적인 생각이 우리의 사고를 단순하고 명확하게 정리해 줄 수 있음을 경험합니다.

9교시 _ 숫자에도 친화수와 부부수가 있어요

숫자에 의미를 부여했던 피타고라스학파의 친화수우애수, 부부수를 탐구해 봅니다. 지금도 숫자에 의미를 부여하는 '수비학'의 역사가 오래된 인류의 유물임을 알게 됩니다.

10교시 _ 합성수composite number와 소수prime number

더 이상 작은 수로 분해할 수 없는 소수에 관련된 연구들을 탐구해 봅니다. 수학자들의 노력에도 오랜 세월 동안 밝혀지지 않는 연구를 보면서 암호학에서 중요하게 다루어지는 소수의 가치를 발견할 수 있습니다.

11교시 _ 공배수와 최소공배수

10간 12지의 60갑자 속에 들어 있는 최소공배수의 원리를 이해하고 최소공배수를 구하는 여러 가지 방법을 탐구합니다. 분모가 다른 분수의 통분에서 반드시 필요한 개념인 최소공배수를 구하는 방법의 탐구를 통하여 최소공배수의 성질을 이해하게 됩니다.

12교시 _ 공약수와 최대공약수

두 개 이상의 자연수의 공통된 약수 중에서 가장 큰 수인 최대공약수를 이해하고, 최대공약수의 성질을 이해합니다.
분자와 분모의 최대공약수를 이용하면 기약분수로 쉽게 만들 수 있습니다.

E 〈실전 익히기〉의 활용

E-1. 《페르마가 만든 약수와 배수》의 활용

1. 완전수, 부족수, 과잉수, 친화수, 부부수를 공부할 때에는 피타고라스학파의 연구 내용을 다룬 책과 함께 공부하면 수학에 대한 흥미를 느낄 수 있습니다.
2. 소수에 대해 공부를 할 때에는 골드바흐의 추측, 소수의 성질 및 활용 등의 내용을 다룬 책과 함께 공부를 하면 소수의 매력과 중요성을 느낄 수 있습니다.
3. 곱셈 구구표처럼 주변에서 단순히 지나치기 쉬운 것에서 수학적 원리를 찾아보는 공부 습관을 가지는 것이 중요합니다.
4. 최대공약수와 최소공배수를 유클리드 호제법을 이용하여 습관적으로 구하는 방법만을 익히기보다는 소인수분해와 같은 방법을 이용해서 구하는 방법을 익혀 수학적 원리를 찾아내는

것이 중요합니다.

5. 각 교시마다 우리의 생활과 어떤 관련이 있는지, 실생활에 어떻게 활용할 수 있는지 생각하면서 책을 읽는 것도 수학을 이해하는 좋은 방법입니다.
6. '나만의 데이'를 만들 때에는 과잉수, 완전수, 부족수의 성질과 관련지어 데이를 지어보는 활동을 통해 숫자와 우리 생활과의 관련을 흥미있게 느끼는 것도 중요한 활동입니다.
7. 현재 학교에서 배우는 내용이 아니더라도 책을 주의 깊게 읽어나가면 이해할 수 있는 내용입니다. 천천히 직접 풀어보면서 이해하는 습관을 가지는 것이 중요합니다.

E-2. 《페르마가 만든 약수와 배수-익히기》의 활용

1. 난이도 순으로 초급, 중급, 고급으로 나누었습니다. 따라서 '초급 → 중급 → 고급' 순으로 해결하는 것이 좋습니다.
2. 교시별로, 예를 들어 2교시 문제의 '초급 → 중급 → 고급' 문제 순으로 해결해도 좋습니다.
3. 문제를 해결하다 어려움에 부딪히면, 문제 상단부에 표시된 교시의 기본서로 다시 돌아가 기본 개념을 충분히 이해한 후 다시 해결하는 것이 바람직합니다.
4. 문제가 쉽게 해결되지 않는다고 해답부터 먼저 확인하는 것은 사고력을 키우는 데 도움이 되지 않습니다.

5. 친구들이나 선생님 그리고 부모님과 문제를 주제로 토론해 보는 것도 아주 좋은 방법입니다.
6. 한 문제를 한 가지 방법으로 해결하기보다는 다양한 방법으로 여러 번 풀어 보는 것이 좋습니다.

1교시

우리 생활 속에 약수와 배수가 있어요

“우리가 매일 접하는 곱셈 구구가 약수와
배수의 원리를 활용한 대표적인 예입니다.
약수와 배수의 관계를 파악하면 자연수의
곱셈과 나눗셈, 더 나아가 분수의 사칙연산에
대해 쉽게 이해하고 계산할 수가 있습니다.”

1교시

약수와 배수는 우리가 생활하면서 알게 모르게 많이 활용하는 수의 성질입니다. 예를 들어서 알아보도록 하겠습니다.

반 아이들에게 연필을 두 자루씩 나누어 주려면, 총 몇 자루의 연필이 필요한 지는 배수를 알면 쉽게 구할 수 있습니다.

한 명에게 주려면 2×1자루, 두 명에게 주려면 2×2자루,

세 명에게 주려면 3×2자루, 네 명에게 주려면 4×2자루, 이렇게 곱하기를 해서 구합니다. 이와 같이 어떤 수를 1배, 2배, 3배, 4배, …해서 나오는 수들을 그 수의 **배수**라고 합니다. 2×0=0이므로, 0은 모든 수의 배수입니다. 따라서 2의 배수는 0, 2, 4, 6, 8, …입니다.

한 다스로 들어있는 연필, 10권이 한 세트인 공책, 상자에 묶음으로 들어있는 과자, 묶음으로 되어있는 색종이를 셀 때에도 하나씩 세거나 복잡하게 더하지 않고, 배수를 이용하면 쉽게 물건의 개수를 셀 수 있습니다.

이번에는 약수에 대하여 알아보겠습니다.

24장의 색종이를 남거나 부족하지 않게 나누어준다면 몇 사람에게 몇 장씩 줄 수 있는지 알아보도록 합시다.

먼저 한 장씩 나누면 24명에게 줄 수 있습니다.

두 장씩 나누면 12명에게 줄 수 있습니다.

세 장씩 나누면 8명에게 줄 수 있습니다.

네 장씩 나누면 6명에게 줄 수 있습니다.

여섯 장씩 나누면 4명에게 줄 수 있습니다.

여덟 장씩 나누면 3명에게 줄 수 있습니다.

열두 장씩 나누면 2명에게 줄 수 있습니다.

스물네 장을 주면 1명에게 줄 수 있습니다.

그러나 5명이나 7명에게는 남는 색종이가 없이 똑같이 나누어 줄 수가 없습니다. 24장의 색종이를 나누어주는 방법으로는 1장, 2장, 3장, 4장, 6장, 8장, 12장, 24장으로 주는 8가지의 방법이 있습니다.

이와 같이 어떤 수를 나머지 없이 나눌 수 있는 수를 어떤 수의 **약수**라고 합니다. 24의 약수는 1, 2, 3, 4, 6, 8, 12, 24입니다.

우리가 매일 접하는 곱셈 구구가 약수와 배수의 원리를 활용한 대표적인 예입니다. 약수와 배수의 관계를 파악하면 자연수의 곱셈과 나눗셈, 더 나아가 분수의 사칙연산에 대해 쉽게 이해하고 계산할 수가 있습니다.

피타고라스학파는 약수의 여러 가지 성질을 이용하여 많은 의미를 부여하기도 했습니다. 약수 중에서 1과 자신 이외에는 약수를 가지지 않는 수를 소수라고 부릅니다. 이 소수는 암호를 만드는 데 중요한 숫자라고 합니다. 지금까지도 많은 수학자들은 소수 연구를 하고 있습니다.

약수와 배수를 이용하면 수를 쉽게 분해할 수가 있습니다. 여러분 주위에는 블록을 조립하고 노는 것을 좋아하는 친구가 있을 것입니다. 작은 부품들을 끼우고 맞추어서 하나의 정교한 작품을 완성하고, 작은 조각들을 연결하여 큰 작품을 만들기도 합니다. 수도 이와 마찬가지입니다. 배수를 이용하여 작은 수를 크게 만들 수도 있고 약수를 이용하여 큰 수를 작은 수들로 분해할 수도 있습니다. 이렇게 수를 크게 만들기도 하고 작은 수들로 분해하기도 하는 것은 앞으로 수학 공부를 하는 데 중요한 기본이 됩니다.

2교시 배수

2교시 학습 목표

1. 배수의 뜻과 성질을 이해하고 자연수의 배수를 구할 수 있습니다.
2. 2, 3, 4, 5, 6, 8, 9의 배수들이 가지고 있는 규칙을 통해 배수판정법을 이해하고, 어떤 수가 무슨 수의 배수인지 구할 수 있습니다.

미리 알면 좋아요

배수 어떤 수에 0과 자연수를 곱해서 나오는 수를 이르는 말입니다.

2교시

문제

1. 2의 배수는 무엇이며 몇 개가 있을까요?
2. 417은 어떤 수의 배수일까요? 알 수 있는 방법을 설명해 보시오.

$2\times1=2$, $2\times2=4$, $2\times3=6$, $2\times4=8$, …, $9\times7=63$, $9\times8=72$, $9\times9=81$

어렵게 느껴지기만 하던 구구단을 박자에 맞춰 신나게 외우던 때가 생각나나요?

2를 1배하면 $2\times1=2$

2를 2배하면 $2\times2=4$

2를 3배하면 $2\times3=6$

2를 4배하면 $2\times4=8$

…

이와 같이 2를 1배, 2배, 3배, 4배, … 한 수, 2, 4, 6, 8, …을 2의 '배수' 라고 합니다.

곱셈 구구에서 배수를 알아보면 다음과 같습니다.

2단은 2, 4, 6, 8, 10, 12, …

3단은 3, 6, 9, 12, 15, 18, …

4단은 4, 8, 12, 16, 20, 24, …

5단은 5, 10, 15, 20, 25, 30, …

6단은 6, 12, 18, 24, 30, 36, …

2단은 2만큼씩, 3단은 3만큼씩, 4단은 4만큼씩, 5단은 5만큼씩 커집니다. 이렇게 배수는 어떤 수에서 출발하여 그 수만큼 커지는 규칙을 가지고 있습니다. 배수는 곱셈과 관련되어서 나타나는 수입니다.

2를 3배하면 6이 되고, 거꾸로 3을 2배해도 6이 됩니다. 이때 6을 2와 3의 '배수' 라고 합니다.

그럼 2에 0을 곱하면 어떻게 될까요?

답은 $2 \times 0 = 0$입니다.

곱하는 수가 0일 때에도 배수의 관계가 성립합니다. 따라서 **0은 모든 수의 배수**가 됩니다.

칠칠
사십구,
칠팔
오십육,
칠구
육십삼,
...
...
...
구구단을
외우는 중이네?
아니!
!!
배수를 공부하는
중이야.

배수에 대하여 정리하면 다음과 같습니다.

① 배수란 어떤 수에 0과 자연수를 곱해서 만들 수 있는 수를 말하며, 0은 모든 수의 배수입니다.

② 어떤 수의 배수는 무수히 많습니다.

③ 모든 수는 자신의 배수가 됩니다.

나는 어떤 수의 배수일까요?

21은 어떤 수의 배수일까요?

3×7=21이므로 21은 3과 7의 배수라는 것을 알 수 있습니다.

그럼 328, 88947은 어떤 수의 배수일까요? 이렇게 숫자가 커지면 어떤 수의 배수인지 구별하기가 쉽지 않습니다. 하지만 어떤 배수는 일정한 규칙을 가지고 있음을 알 수 있습니다.

예를 들어 9단을 외워봅시다.

9×1=9, 9×2=18, 9×3=27, 9×4=36, 9×5=45, 9×6=54, 9×7=63, 9×8=72, 9×9=81

9의 배수는 9, 18, 27, 36, 45, 54, 63, 72, 81, 90, …입니다. 어떤 규칙을 찾아냈나요? 각 자리의 숫자를 더해 보세요. 맞아요! 각 자릿수의 합이 9라는 것을 알 수 있습니다. 자리 수가 커져도 이 규칙이 성립하는지 알아봅시다.

45918이 있습니다. 이 수가 9의 배수가 되는지 알아보기 위하여 먼저 9로 나누어 봅시다. 45918을 9로 나누면 몫이 5102이고 나누어떨어지므로 9의 배수가 됩니다. 이번에는 9의 **배수판정법**인 각 자리 수를 더하여 9의 배수가 되는지 알아봅시다. 각 자릿수를 더하면 4+5+9+1+8=27이 되고, 27은 9의 배수가 됩니다. 따라서 45918은 9의 배수가 됨을 알 수 있습니다.

이처럼 어떤 배수들이 가진 규칙을 통해 배수를 쉽게 알 수 있는 방법을 조금 더 알아보겠습니다. 여러분이 생각한 것과 같은지 비교하면서 살펴보세요.

45,918은
9의 배수일까?
아닐까?
너무 큰 수라
알기가 힘들어.
으하하하...
45,918은
9의 배수야.
뭐?
어떻게 금방 45,918이 9의
배수인걸 알았지?
배수에는
배수판정법이라는
일정한 규칙이 있어.
모든 자릿수의 합이
9의 배수이면
그 수는 9의 배수지.
45,918의 모든
자릿수의 수를 합하니
정말로 9의 배수인
27이 되는군.
그런데 다른 수에도
이런 규칙이 있는
거야?
물론, 다른 수들도
배수인지 아닌지 쉽게 알
수 있는 규칙들이 있어.

배수판정법

•2의 배수 : 어떤 수가 2의 배수인 것은 그 수가 짝수인 것과 같으므로 일의 자릿수가 짝수인지 확인하면 됩니다. 짝수는 모두 2의 배수입니다.

•3의 배수 : 어떤 수의 각 자리 수의 합이 3의 배수이면 그 수는 3의 배수입니다.

714 : 7+1+4=12 12는 3의 배수이므로 714는 3의 배수입니다.

•4의 배수 : 어떤 수의 마지막 두 자리 수가 4의 배수이거나 00이면 그 수는 4의 배수입니다.

2000 : 마지막 두 자리 수가 00이므로 4의 배수입니다.

896 : 마지막 두 자리 수인 96이 4의 배수이므로 896은 4의 배수입니다.

•5의 배수 : 0 또는 5로 끝나는 수는 5의 배수입니다.

•6의 배수 : 짝수이면서 3의 배수인 수는 6의 배수입니다.

1056 : 1+0+5+6=12 짝수이면서 3의 배수이므로 6의 배수입니다.

•8의 배수 : 어떤 수의 마지막 세 자리 수가 8의 배수이거나 000이면 그 수는 8의 배수입니다.

10000 : 마지막 세 자리 수가 000이므로 8의 배수입니다.

5816 : 마지막 세 자리 수 816이 8의 배수이므로 8의 배수입니다.

•9의 배수 : 모든 자리 수의 합이 9의 배수이면 그 수는 9의 배수입니다.

108 : 1+0+8=9 9의 배수이므로 108은 9의 배수입니다.

1458 : 1+4+5+8=18 18은 9의 배수이므로 1458은 9의 배수입니다.

배수판정법을 이용하여 문제 1의 답을 알아보도록 합시다. 417은 홀수이므로 2의 배수가 아닙니다. 각 자리 수의 합이 4+1+7=12이므로 3의 배수이고, 417이 홀수이므로 6의 배수가 아닙니다.

복잡하고 기억하기가 쉽지는 않지만, 앞 페이지에 있는 배수판정법을 기억하고 있으면 큰 수들에 대하여서도 어떤 수의 배수가 되는지 알 수 있습니다.

다음 문제를 해결하면서 배수판정법을 익혀 보도록 합시다.

수 67845321을 1부터 9까지의 수로 나누어 보고, 나머지가 얼마인지 알아봅시다.

이 문제는 나머지를 묻는 문제이지만 배수를 이용하여 해결할 수 있습니다.

- 1의 배수 : 모든 수는 1의 배수입니다.
- 2의 배수 : 홀수이므로 2의 배수가 아니고, 나머지가 1입니다.
- 3의 배수 : 6+7+8+4+5+3+2+1=36은 3의

배수이므로 주어진 수는 3의 배수입니다. 또한 9의 배수가 되므로 9로 나누어 떨어집니다. 따라서 3과 9로 나누면 나머지는 모두 0입니다.

- 4의 배수 : 끝의 두 자리 수 21은 4의 배수 20보다 1이 크므로 나머지가 1입니다.
- 5의 배수 : 끝자리가 0이나 5가 아니므로 5의 배수가 아니고 나머지는 1입니다.
- 6의 배수 : 6+7+8+4+5+3+2+1=36이므로, 3의 배수이지만 홀수이므로 6의 배수가 아닙니다. 그러나 3을 빼준 67845318은 6의 배수입니다. 따라서 67845321을 6으로 나눈 나머지는 3입니다.
- 7의 배수 : 초등학교 수준에서 할 수 있는 간단한 배수 판정 방법이 없으므로 나누어 보면, 나머지가 5입니다.
- 8의 배수 : 끝의 세 자리 수 321을 8로 나누어보면 나머지가 1입니다.
- 9의 배수 : 6+7+8+4+5+3+2+1=36은 9의

배수가 되므로 9로 나누면 나머지가 0입니다.

이제 배수판정법을 이용하여 친구들과 무슨 수의 배수인지 알아맞히기 시합을 한다면 잘 할 수 있겠지요?

또한 배수판정법을 이용하여 배수와 관련된 문제를 잘 해결할 수 있을 것입니다.

1. 배수의 성질

첫째, 0은 모든 수의 배수가 되며, 어떤 수의 배수는 무수히 많습니다.

둘째, 모든 수는 자신의 배수가 됩니다.

2. 배수판정법

2의 배수 : 짝수는 모두 2의 배수입니다.

3의 배수 : 어떤 수의 각 자리 수의 합이 3의 배수이면 그 수는 3의 배수입니다.

4의 배수 : 어떤 수의 마지막 두 자리 수가 4의 배수이거나, 00이면 그 수는 4의 배수입니다.

5의 배수 : 0 또는 5로 끝나는 수는 5의 배수입니다.

6의 배수 : 짝수이면서 3의 배수인 수는 6의 배수입니다.

8의 배수 : 어떤 수의 마지막 세 자리 수가 8의 배수이거나, 000이면 그 수는 8의 배수입니다.

9의 배수 : 모든 자리 수의 합이 9의 배수이면 그 수는 9의 배수입니다.

3교시 약수

3교시 학습 목표

1. 약수의 뜻과 성질을 알 수 있습니다.

2. 자연수의 약수를 구할 수 있습니다.

미리 알면 좋아요

약수 어떤 수를 나누어떨어지게 하는 수를 약수라고 합니다.

3교시

문제

1 어떤 두 수의 합이 27이고, 곱은 126입니다. 두 수를 구하시오.

문제 ①을 해결하기 위해서는 두 수의 곱이 126이라는 것에 주의를 기울여야 합니다. 곱해서 126이 나오는 두 수는 거꾸로 126을 나누었을 때, 나머지 없이 나누어떨어지게 하는 수입니다.

이와 같이 어떤 수로 나누었을 때, 나누어떨어지게 하는 수를 **약수**라고 합니다. 즉 어떤 수 ㉠을 두 수의 곱(㉡×㉢)으로 나타내었을 때, ㉡과 ㉢은 ㉠의 약수가 됩니다. 이때 어떤 수는 자기 자신과 1의 곱으로 나타낼 수 있습니다. 따라서 1은 모든 수의 약수가 됩니다.

6÷2=3에서 6은 2와 3으로 나누었을 때 나머지가 없이 떨어지므로 2와 3을 6의 **약수**라고 합니다. 그러나 6을 4로 나누면 몫이 1이고 나머지가 2가 됩니다. 그러므로 6은 4로 나누어떨어지지 않습니다.

약수를 찾기 위해서는 1부터 차례대로 나누어 보아야 합니다. 6÷1=6, 6÷2=3이므로 6의 약수는 1, 2, 3, 6입니다.

약수를 찾는 또 다른 방법은 수를 더 이상 작은 수로 나눌 수 없을 때까지 분해하는 것입니다. 이러한 방법을 **소인수분해**라고 합니다.

예를 들면 12를 2이상의 수들로 소인수분해하면 $2\times2\times3$입니다. 이 식을 보고 나올 수 있는 가능한 수들을 모두 곱하면서 약수를 찾으면 1, 2, 3, 2×2, 2×3, $2\times2\times3$입니다.

문제 1로 다시 돌아가서 생각해 봅시다.

두 수를 더해서 27이 나오는 경우는 매우 많지만, 곱해서 126이 되는 경우는 몇 개 밖에 없습니다. 따라서 곱해서 126이 되는 두 수를 구한 다음 더해서 27이 되는지 알아보면 문제를 쉽게 해결할 수 있습니다.

126에서 나누어떨어지는 수를 작은 수부터 차례대로 알아보면 $126=1\times126=2\times63=3\times42=6\times21=7\times18=9\times14$이므로 126의 약수는 1, 2, 3, 6, 7, 9, 14, 18, 21, 42, 63, 126이고, 곱해서 126이 나오는 숫자의 쌍을 알아보면 (1, 126), (2, 63), (3, 42), (6, 21), (7, 18), (9, 14)입니다. 이 중에서 두 수의 합이 27인 경우는 (6, 21)입니다.

약수를 1부터 나눗셈을 통하여 찾다 보면 숫자가 커지는 경우에는 잘 찾지 못하고 빠뜨리는 경우가 생깁니다. 그래서 문제를 좀 더 간단하게 풀면서 약수를 빠뜨리지 않고 풀 수 있는 방법을 알아보겠습니다.

126을 일단은 2와 63으로 나누고, 63을 다시 3과 21로, 21은 다시 3과 7로 나누는 것입니다. 이렇게 더 이상 나누어지지 않는 가장 작은 약수들의 곱을 이용하여 나타내는 소인수분해를 이용하면 126은 2와 3과 7의 곱으로 이루어진 수라는 것을 알 수 있습니다.

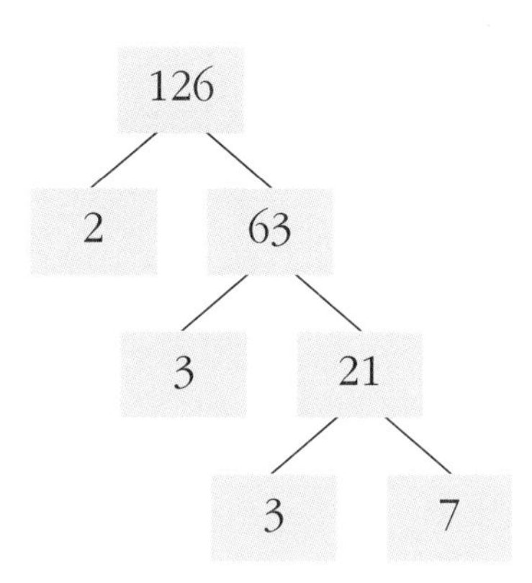

126을 소인수분해하여 가장 작은 약수들의 곱으로 나타내면 126=2×63=2×3×21=2×3×3×7입니다. 이 식을 이용하여 나올 수 있는 126의 약수를 구해보면 1, 2, 3, 6(2×3), 7, 9(3×3), 14(2×7), 18(2×3×3), 21(3×7), 42(2×3×7), 63(3×3×7), 126(2×3×3×7)입니다.

약수에 대하여 정리하면 다음과 같습니다.

- 약수란 어떤 수를 나누어떨어지게 하는 수를 말합니다.
- 자연수 1은 모든 수의 약수입니다.
- 모든 수는 자기 자신의 약수입니다.
- 어떤 수의 약수는 그 자신의 수보다 크지 않으며, 개수는 한정되어 있습니다.

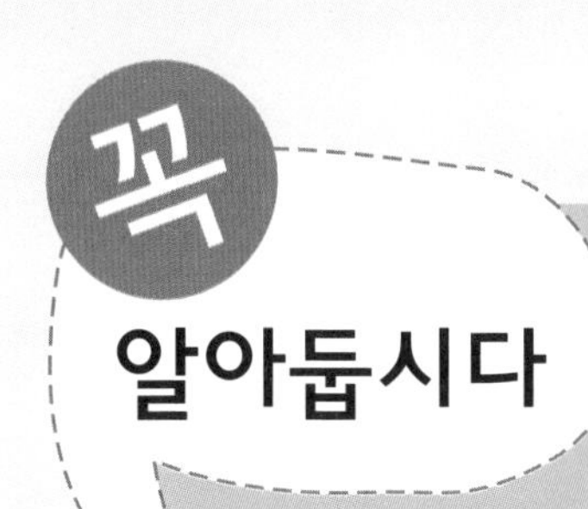

1. 약수를 구하는 방법

첫째, 어떤 수를 나누어떨어지게 하는 수를 구합니다.

둘째, 어떤 수를 두 수의 곱으로 나타내어 구합니다.

셋째, 소인수분해를 이용하여 구합니다.

2. 약수의 성질

첫째, 자연수 1은 모든 수의 약수이며, 모든 수는 자기 자신의 약수입니다.

둘째, 어떤 수의 약수는 그 자신의 수보다 크지 않으며, 개수는 한정되어 있습니다.

4 교시
약수와 배수

4교시 학습 목표

1. 약수와 배수의 관계를 알 수 있습니다.

미리 알면 좋아요

1. 어떤 수(■)=△×○×☆에서, 어떤 수 ■를 분해해서 얻을 수 있는 △, ○, ☆를 '■의 약수'라고 합니다. 반대로 ■를 '△, ○, ☆의 배수'라고 합니다.

4교시

문제

1 모음이네 반 36명의 학생은 각각 가로 세로 15cm의 색종이 한 장에 타일 꾸미기를 하였습니다. 작품이 완성된 다음 색종이 타일을 교실 벽에 붙여서 예쁘게 꾸미려고 합니다. 남는 색종이가 없이 직사각형 모양으로 붙일 수 있는 방법을 모두 찾아보시오.

약수와 배수는 왜 배울까요?

'딩동댕~~~!'

수업을 마치는 종이 울렸습니다. 여기저기서 수군대는 소리가 들렸습니다.

"다음 시간에는 페르마에 대해 배울 거예요."

선생님의 말을 뒤로 하고 아이들은 서로 먼저 나가려고 교실을 나섰습니다. 철오와 미라도 함께 나갔습니다.

"우와! 눈이라도 오겠는걸. 눈 오면 눈싸움이나 실컷 하고 싶다."

철오가 잔뜩 찌푸린 하늘을 보며 말했습니다.

"하지만 날씨가 추워야 눈이 오잖아. 이렇게 포근해서는 눈이 아니라 비가 오겠다. 어서 집으로 가자."

미라가 철오의 말을 듣고 발길을 재촉하며 말했습니다.

"미라야. 그럼 우리 집에 같이 가자. 우리 집이 12층이잖아. 우리 집 베란다에서 보면 한강까지 다 보여. 멋진 한강이라도 바라보며 군고구마도 먹자. 엄마가 집에 오면 고구마 구워 놓는다고 하셨어."

철오가 다시 미라를 보며 말했습니다.

"정말! 난 세상에서 먹는 게 제일 좋아. 어서 가자."

미라는 철오의 말을 듣고는 기다렸다는 듯이 철오네 아파트로 뛰어갔습니다. 철오네 아파트에 도착한 미라와 철오는 12층인 철오의 집까지 오르기 위해서 엘리베이터 앞에 섰습니다.

그런데 아뿔싸! 오늘은 전기설비 공사로 인해서 엘리베이터가 작동을 하지 않는 날이었습니다. 철오와 미라는 어쩔 수 없이 12층까지 계단을 걸어서 올라갔습니다.

"헉헉! 힘들어. 계단을 열 계단씩 한 번에 뛰어넘을 수 있다면 좋겠다."

미라가 3층도 못 올라가서 힘들어했습니다.

"수학 공부도 한 계단 한 계단 차근차근 올라가듯이 군고구마를 먹기 위해서도 한 계단 한 계단 차근차근 올라가야 해."

철오가 미라에게 말했습니다.

"꼭 선생님 같은 소리만 해. 수학 시간에 선생님께서 하신 말씀을 그대로 인용하다니. 난 얼른 올라가서 군고구마를 많이 먹을 테야."

미라가 다시 철오를 보며 말했습니다.

수학 공부는 계단을 올라가듯이 한 계단 한 계단 차근차근 올라가는 과목입니다. 1층을 올라가야 2층에 도달할 수 있지 1층을 거치지 않고 갑자기 2층으로 올라갈 수는 없습

니다. 마찬가지로 건물을 지을 때에도 기초공사가 튼튼히 해야 건물을 안전하게 지을 수 있습니다.

수학에서도 작은 숫자를 알아야 큰 숫자를 알 수 있고, 작은 숫자의 덧셈과 뺄셈을 익힌 후 큰 숫자의 덧셈이나 뺄셈을 공부할 수 있습니다. 마찬가지로 약수와 배수도 다음 단계의 공부를 하기 위한 기초가 됩니다. 약수를 알아야 다음 단계에 나오는 '분모는 다르지만 같은 크기의 분수 만들기' '분수를 간단하게 만들기분수 약분하기' 등을 공부할 수 있습니다.

약수와 배수의 관계

문제 1에서 남는 색종이가 없이 직사각형 모양으로 붙이라는 것은 나머지가 없다는 것을 의미합니다. 나머지가 없다는 것은 36의 약수를 구하는 방법으로 문제를 해결하면 됩니다. 즉 두 수를 곱해서 36이 나올 수 있는 방법을 찾으면 됩니다.

$36=1\times36=2\times18=3\times12=4\times9=6\times6$

이때 두 수를 곱해서 나온 수는 배수이고, 곱하는 두 수는 약수입니다. 예를 들면 36은 1, 2, 3, 4, 6, 9, 12, 18, 36의 배수이고 1, 2, 3, 4, 6, 9, 12, 18, 36은 36의 약수입니다.

36장의 색종이 타일을 직사각형의 모양으로 붙일 수 있는 방법은 다음과 같이 모두 9가지입니다.

가로×세로 :	36×1	1×36
	18×2	2×18
	12×3	3×12
	9×4	4×9
	6×6	

곱하는 수가 분수이거나 0일 경우에도 약수와 배수의 관계가 성립할까요?

8의 약수는 1, 2, 4, 8만이 아냐.
1, 2, 4, 8 말고도 8의 약수가 더 있다고?
설마…
응. 그것도 아주 많이.
아주 많이??
$\frac{1}{2}$에 16을 곱하면 8이 되지.
$\frac{1}{3}$에 24를 곱해도 8이 되고
그밖에도 $\frac{1}{4}$, $\frac{1}{5}$ 등등 아주 아주 많잖아.
약수와 배수는 자연수만 되는 거야.

6의 $\frac{1}{2}$은 3입니다. 즉 $6 \times \frac{1}{2} = 3$이지만 3을 6과 $\frac{1}{2}$의 배수라고 하지 않습니다. 또한 $2 \times 0 = 0$이지만 0을 2의 약수라고 하지 않습니다.

곱하는 수가 0이거나 분수일 때에는 약수와 배수의 관계가 성립하지 않습니다. 약수와 배수의 관계는 자연수끼리의 곱에서만 성립합니다.

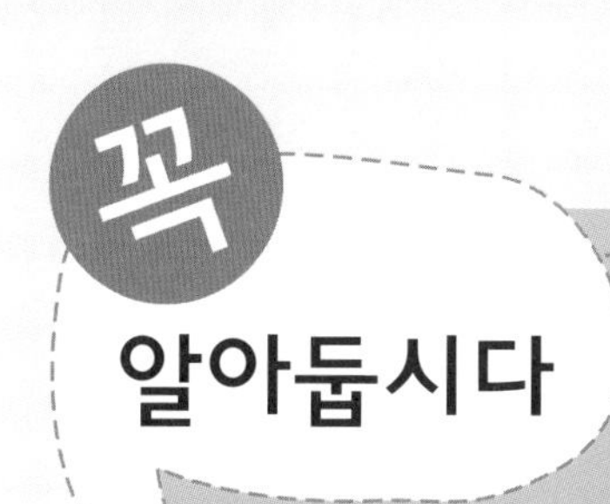

1. 곱셈 구구는 셈을 보다 빠르고 정확하게 하기 위하여 약수와 배수의 원리를 사용하고 있습니다. 또한 자연수의 나눗셈과 곱셈의 관계도 약수와 배수의 원리를 사용하고 있습니다.

5교시

곱셈 구구표에 약수와 배수가 숨어 있어요

5교시 학습 목표

1. 곱셈 구구표에서 여러 가지 수학적 규칙을 찾을 수 있습니다.
2. 짝수는 2의 배수이고, 짝수가 아닌 자연수는 홀수임을 알 수 있습니다.

미리 알면 좋아요

1. 곱셈 구구는 약수와 배수의 원리를 이용한 것입니다.
2. **정수** 자연수보다 범위가 큰 수를 '정수'라 하며, 정수는 '양의 정수' '0' '음의 정수'로 나눠집니다. 0보다 큰 수를 '양의 정수'라 하고 0보다 작은 수를 '음의 정수'라 합니다.

5교시

문제

1 아래 곱셈 구구표에는 여러 가지 수학적 규칙이 숨어 있습니다. 재미있고 흥미진진한 수의 성질을 찾아보시오.

×	1(1열)	2(2열)	3(3열)	4(4열)	5(5열)	6(6열)	7(7열)	8(8열)	9(9열)
1(1행)	1	2	3	4	5	6	7	8	9
2(2행)	2	4	6	8	10	12	14	16	18
3(3행)	3	6	9	12	15	18	21	24	27
4(4행)	4	8	12	16	20	24	28	32	36
5(5행)	5	10	15	20	25	30	35	40	45
6(6행)	6	12	18	24	30	36	42	48	54
7(7행)	7	14	21	28	35	42	49	56	63
8(8행)	8	16	24	32	40	48	56	64	72
9(9행)	9	18	27	36	45	54	63	72	81

우리가 알고 있는 곱셈 구구는 약수와 배수의 관계로 이루어져 있습니다. 셈을 보다 빠르고 정확하게 하기 위하여 곱셈 구구를 이용하는 것입니다.

우리가 수학을 배우는 이유는 단순한 문제 풀이를 위해서가 아니라 깊이 생각하는 힘을 기르는 것입니다. 이런 힘을 수학적 사고력 또는 문제 해결력이라고 부릅니다. 다 알고 있는 내용이라도 다시 한 번 더 깊이 생각해보고 새로운 것들을 찾아내는 태도를 기른다면 수학을 보다 더 재미있게 할 수 있으며 수학적 힘을 기를 수 있습니다.

2학년 때 배웠던 쉬워 보이기만 하는 곱셈 구구표에도 우리가 생각하지 못했던 여러 가지 수학적 성질들이 숨어 있답니다. 지금부터 한 가지씩 살펴보겠습니다.

1) 곱셈 구구표에서 각 단의 일의 자리끝자리 숫자들의 특징을 살펴보세요.

먼저 2의 배수의 끝 숫자는 2, 4, 6, 8, 0이 되풀이되며 1, 3, 5, 7, 9라는 숫자는 나오지 않습니다. 자연수에서 0을 제외한 2의 배수들을 **짝수**라고 부릅니다. 따라서 2짝수에 어떤 수를 곱해도 그 곱은 짝수임을 알 수 있습니다.

3의 배수의 끝 숫자는 3, 6, 9, 2, 5, 8, 1, 4, 7, 0, …과 같이, 0부터 9까지의 숫자가 반복되지 않고 모두 등장합니다. 이렇게 0부터 9까지의 숫자가 반복되지 않고 모두 나오는 구구단으로는 1단, 7단, 9단이 있습니다.

4의 배수의 끝 숫자는 4, 8, 2, 6, 0, 4, 8, 2, 6, …과 같이 4, 8, 2, 6, 0의 짝수가 반복되어서 나타납니다.

뿐만 아니라 6단의 끝 숫자는 6, 2, 8, 4, 0, 6, 2, 8, 4이고, 8단의 끝 숫자는 8, 6, 4, 2, 0, 8, 6, 4, 2입니다.

따라서 짝수가 반복되어서 나타나는 구구단에는 2단, 4단, 6단과 8단이 있습니다.

5의 배수에 대해 알아보면, 5, 10, 15, 20, 25, 30, 35, 40, 45와 같이 끝 숫자에 0과 5가 번갈아가며 나타납니다. 좀 더 자세히 알아보면 5와 홀수의 곱은 끝자리 수가 5이고, 5와 짝수의 곱은 끝자리 수가 0임을 알 수 있습니다.

2단, 4단, 6단, 8단은 같은 수가 반복되어 나타나고, 1단, 3단, 7단, 9단이 그렇지 않은 데에는 흥미 있는 수학적 사실이 숨어 있습니다.

2단의 경우 2×5=10을 기준으로 하여 2, 4, 6, 8이 반복됩니다.

4단의 경우 4×5=20을 기준으로 하여 4, 8, 2, 6이 반복됩니다.

6단의 경우 6×5=30을 기준으로 하여 6, 2, 8, 4가 반복됩니다.

8단의 경우 8×5=40을 기준으로 하여 8, 6, 4, 2가 반복됩니다.

10$_{2\times5}$과 공통된 약수를 가지는 2단, 4단, 6단, 8단은 5를 곱해서 10$_{2\times5}$을 만들 수 있는 2의 배수가 있으므로, 5를 곱하는 기준으로 하여 같은 숫자가 반복되는 것입니다.

10과 공통된 약수1은 제외를 가지지 않는 3단, 7단, 9단의 경우는 모든 숫자가 한 번씩 끝수로 나타납니다. 이러한 이유는 이들 숫자 3, 7, 9가 10과 **서로소**1을 제외하고 공통된 약수가 없는 경우의 관계에 있기 때문입니다. 3, 7, 9는 10을 곱해야, 비로소 끝자리가 0이 되고 다시 숫자가 반복됩니다.

9의 배수에 대해 알아보면, 끝 숫자가 9, 8, 7, 6, 5, 4, 3, 2, 1과 같이 수의 크기가 1씩 작아짐을 알 수 있습니다.

2) 곱셈 구구표에 나와 있는 모든 수들의 합계를 구해 보세요.

합계를 구하는 방법은 여러 가지가 있습니다.

누구나 쉽게 생각할 수 있는 방법으로는 각 행의 수들의 합을 모두 더하는 방법 또는 각 열의 수들의 합을 모두 더하는 방법이 있습니다.

그러나 조금만 더 깊게 생각해 보면 배수를 이용하여 쉽게 합계를 구할 수 있습니다. 2행은 1행에 있는 숫자들의 2배이고, 3행은 1행에 있는 숫자들의 3배이며, 4행은 1행에 있는 숫자들의 4배입니다. 이것은 각 행의 합이 2배, 3배, 4배로 일정하게 늘어나는 것을 의미합니다. 따라서 1행부터 9행까지 일정하게 늘어난 수들의 합은 1행의 45배가 됩니다.

모든 수들의 합을 구해 보면 1행의 합은 45입니다. 따라서 9행까지의 총계는 간단하게 $45 \times 45 = 2025$입니다.

3) 3, 6, 9단에는 18이 공통으로 나타납니다.

1부터 100을
모두 더하면?
1 + 100, 2 + 99, …
101이 50개 모인 것과 같으니까
101 X 50 = 5050이야.
못 맞추면
오늘부터
내 노예야!
흥흥흥
곱셈 구구표의
모든 수의 합은?
이건 모를걸.
흐흐~!
곱셈 구구표
1행의 합은 45야.
2행은 1행의 2배고
3행은 1행의
3배니까
45 X 45 = 2025
앙!
이것도 맞추고
말았어.

이때 18을 3, 6, 9의 최소공배수라고 합니다. 그렇다면 곱셈 구구표를 이용하여 2, 4, 8의 최소공배수를 구해 보세요. 2, 4, 8단에서 공통적으로 나타나는 수인 8이 2, 4, 8의 최소공배수입니다.

4) 1열(1행)에 있는 수들의 공통점은 자기 자신의 수입니다.

자기 자신의 수가 나오기 위해서는 1을 곱하면 됩니다. 이처럼 곱셈에서 자기 자신의 수가 나오도록 하는 수를 **항등원**이라고 합니다.

5) 어떤 수를 택해도 그 수의 가장 위에 있는 수와 가장 왼쪽에 있는 수는 어떤 수의 약수입니다.

6) 각 행(열)의 모든 수의 합은 항상 45의 배수입니다.

7) 문제 1의 곱셈 구구표에서 오른쪽으로 내려가는 대각선에 있는 숫자 1, 4, 9, 16, 25, 36, 49, 64, 81은 제곱수이며

그 차이는 3, 5, 7, 9, 11, 13, 15, 17로 일정합니다. 제곱수란 자기 자신을 두 번 곱했을 때 나오는 수로 2를 두 번 곱해서 나오는 4, 3을 두 번 곱해서 나오는 9, 4를 두 번 곱해서 나오는 16 등을 말합니다. 반면에 자기 자신을 세 번 곱해서 나오는 수는 **세제곱수**라 합니다.

8) 다음 표에서 색깔에 있는 수들의 합을 구하면 8이고, 색깔에 있는 수들의 합을 구하면 27이며, 색깔에 있는 수들의 합을 구하면 64입니다.

×	1(1열)	2(2열)	3(3열)	4(4열)
1(1행)	1	2	3	4
2(2행)	2	4	6	8
3(3행)	3	6	9	12
4(4행)	4	8	12	16

이러한 수들은 어떤 수를 세 번 곱했을 때 나오는 수들로 **세제곱수**라고 부릅니다. 곱셈 구구표에서 찾을 수 있는 세제

곱수는 1=1×1×1, 8=2×2×2, 27=3×3×3, 64=4×4×4, 125=5×5×5, 216=6×6×6, 343=7×7×7, 512=8×8×8, 648=9×9×9 등이 있습니다.

9) 각 행(열)의 (a번째 수)+(b번째 수)=($a+b$)번째 수와 같습니다. 예를 들면 22행 1열의 수+62행 3열의 수=82행 4열의 수입니다.

10) 각 행(열)에서 연달아 있는 홀수 개의 평균은 한 가운데 있는 수입니다. 또한 어떤 홀수 정사각형을 잡아도 그 수들의 평균은 가운데 있는 수입니다.

11) 9의 배수인 9단에 있는 수의 십의 자리 수는 1씩 증가하고 일의 자리 수는 1씩 감소합니다.

12) 각 행(열)에서 같은 거리에 있는 두 수의 차이는 일정한 배수만큼 늘어납니다. 예를 들면 3열과 7열에 있는 수들

의 차이는 $4=7-3$, $8=14-6$, $12=21-9$, $16=28-12$, $20=35-15$, $24=42-18$, $28=49-21$, $32=56-24$, $36=63-27$으로 3과 7의 차인 4의 배수만큼 일정하게 늘어납니다.

13) 2의 3배와 3의 2배는 곱이 같습니다. 이와 같이 순서를 바꾸어도 곱은 같습니다. 이것을 **곱셈의 교환법칙**이라고 합니다.

14) 사각형의 모양을 이루고 있는 수

a	b
c	d

에서 $a\times d=b\times c$이고, $a+d=b+c+1$입니다. 예를 들면 $4\times 9=6\times 6$이고, $4+9=6+6+1$입니다.

×	1(1열)	2(2열)	3(3열)
1(1행)	1	2	3
2(2행)	2	4	6
3(3행)	3	6	9

15) 홀수×홀수=홀수, 짝수×짝수=짝수, 짝수×홀수=짝수입니다.

16) 4×4정사각형의 테두리에 있는 수들의 합은 가운데 있는 수들의 합의 3배입니다. 이것은 중심이 같으므로 테두리에 있는 수 12개의 합은 가운데 있는 수 4개의 합의 3배입니다.

아래 표에서 가운데 있는 수들의 합은 25이고 테두리에 있는 수들의 합은 25의 3배인 75입니다.

×	1(1열)	2(2열)	3(3열)	4(4열)
1(1행)	1	2	3	4
2(2행)	2	4	6	8
3(3행)	3	6	9	12
4(4행)	4	8	12	16

중심이 같은 정사각형의 둘레를 한 줄씩 늘려나가면 그 줄에 있는 수들의 합이 그 중심에 있는 네 수의 합의 3배, 5

배, 7배로 커집니다.

또 다른 예를 들면 가운데에 있는 네 수 16, 20, 20, 25의 합은 81이고, 그 둘레에 있는 수 12개의 합은 81의 3배인 243입니다. 12개의 합인 243의 둘레에 있는 20개의 합은 81의 5배인 405이며, 그 둘레에 있는 28개의 합은 81의 7배인 567입니다.

×	1(1열)	2(2열)	3(3열)	4(4열)	5(5열)	6(6열)	7(7열)	8(8열)
1(1행)	1	2	3	4	5	6	7	8
2(2행)	2	4	6	8	10	12	14	16
3(3행)	3	6	9	12	15	18	21	24
4(4행)	4	8	12	16	20	24	28	32
5(5행)	5	10	15	20	25	30	35	40
6(6행)	6	12	18	24	30	36	42	48
7(7행)	7	14	21	28	35	42	49	56
8(8행)	8	16	24	32	40	48	56	64

이 밖에 다른 규칙들도 찾아보세요.

마치 수학자가 된 듯한 기분이 들 것입니다. 또한 수학에 대하여 새로운 흥미를 느낄 수 있습니다.

곱셈 구구표의 대각선 수는
항상 제곱수야.
홀수끼리 곱하면 항상
홀수고 짝수끼리 곱하면
항상 짝수가 나오네.
곱셈 구구표
짝수와 홀수를
곱하면 언제나
짝수야!!
곱셈 구구표는
작지만 이 안에는
아주 많은 규칙이
숨어 있다네.

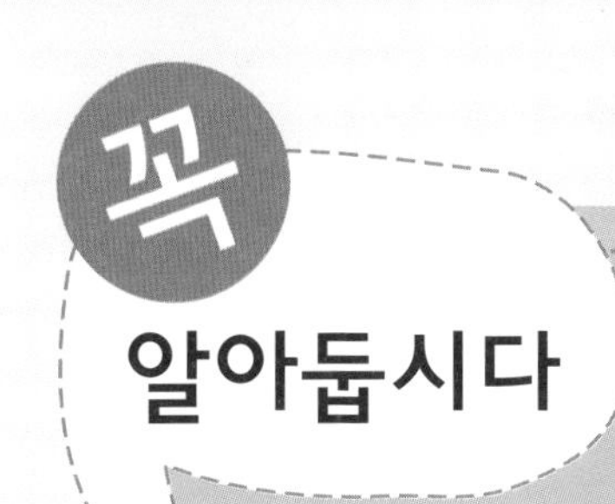

1. 자연수에서 홀수와 짝수의 판별 방법

첫째, 일의 자리 숫자가 0 또는 짝수이면 짝수입니다.

둘째, 일의 자리의 숫자가 홀수이면 홀수입니다.

2. 자연수에서 2로 나누어떨어지는 수를 짝수, 2로 나누어떨어지지 않는 수를 홀수라고 합니다.

3. 덧셈에서 홀수와 짝수의 성질

첫째, (짝수)+(짝수)=(짝수)

둘째, (짝수)+(홀수)=(홀수)

셋째, (홀수)+(홀수)=(짝수)

4. 곱셈에서 홀수와 짝수의 성질

첫째, (짝수)×(짝수)=(짝수)

둘째, (짝수)×(홀수)=(짝수)

셋째, (홀수)×(홀수)=(홀수)

6교시 변형 곱셈 구구표에도 규칙이 숨어 있어요

6교시 학습 목표

1. 변형 곱셈 구구표에서 다양한 수학적 규칙을 찾을 수 있습니다.
2. 변형 곱셈 구구표를 만들고 규칙 찾기를 하면서 수학에 대한 흥미를 기를 수 있습니다.

문제

1 곱셈 구구표를 다음과 같이 바꾸어서 빈 칸을 완성한 후 규칙을 찾아보시오.

1) $2\times3=6$과 같이 곱이 두 자리 수가 아닌 경우는 그대로 씁니다.

2) $4\times8=32$와 같이 곱이 두 자리 수인 경우는 $3+2=5$로 해서 5라고 씁니다.

3) $7\times8=56$과 같이 곱이 두 자리 수이고 $5+6=11$과 같이 두 자리 숫자의 합이 10이상인 경우는 $1+1=2$로 해서 2를 씁니다.

×	1	2	3	4	5	6	7	8	9
1	1								
2		4							
3			9						
4				7					
5					7				
6						9			
7							3		
8								1	
9									9

"철오야! 곱셈 구구표가 뭔지 알아?"

갑작스러운 미라의 질문에도 철오는 당연하다는 듯이 말합니다.

"당연하지. 가로와 세로에 1부터 9까지 쓰고 구구단을 적어 놓은 것이잖아. 1단부터 9단까지 모두 한 눈에 볼 수 있지."

"음. 나만 수업 시간에 잘 들은 줄 알았는데, 철오도 알고 있었구나. 난 또 철오 네가 졸았는 줄 알았어."

"내가 넌 줄 알아? 수업 시간에 졸고 있게. 게다가 내가 가장 좋아하는 수학 시간에 말이야. 곱셈 구구표에서 여러 가지 성질을 찾아낼 수 있어서 너무 좋았어. 미라 너도 곱셈 구구표 속에서 다양한 숫자들의 성질을 찾아낸 것을 보니 수업 시간에 열심히 공부했구나."

철오의 답변을 들은 미라가 엉뚱하게 대답합니다.

"아니. 나는 머리 아픈 구구단을 직접 외우지 않아도 한눈에 볼 수 있어서 곱셈 계산할 때 편리해 좋았는데."

철오는 어이없다는 듯이 말합니다.

"구구단은 2학년 때 이미 배웠잖아. 그걸 아직도 머리 아파하면 어떻게 해!"

하지만 미라는 상관없다는 듯이 퉁명스럽게 대답합니다.

"무슨 상관이야. 나만 편하면 되지."

그러자 철오가 미라에게 핀잔을 주었습니다.

"시험 볼 때도 곱셈 구구표 들고 들어갈래?"

잠시 후 철오가 미라에게 묻습니다.

"미라야! 혹시 변형된 곱셈 구구표라고 알아?"

"변형된 곱셈 구구표? 그게 뭐야?"

고개를 갸우뚱거리며 미라가 답했습니다.

"말 그대로 곱셈 구구표의 변형된 형태를 말하는 것이야."

철오의 친절한 대답에도 미라가 따지듯이 말합니다.

"그런 게 어디 있어? 내가 수학을 잘 모른다고 약 올리는 거지?"

"오 맙소사! 내가 너를 왜 놀려. 널 놀려서 무슨 재미가 있다고~."

철오는 어이없다는 듯이 탄식합니다.

문제 1에서 구하는 변형된 곱셈 구구표를 완성하면 다음과 같습니다.

×	1	2	3	4	5	6	7	8	9
1	1	2	3	4	5	6	7	8	9
2	2	4	6	8	1	3	5	7	9
3	3	6	9	3	6	9	3	6	9
4	4	8	3	7	2	6	1	5	9
5	5	1	6	2	7	3	8	4	9
6	6	3	9	6	3	9	6	3	9
7	7	5	3	1	8	6	4	2	9
8	8	7	6	5	4	3	2	1	9
9	9	9	9	9	9	9	9	9	9

위의 변형된 곱셈 구구표에서는 다양한 규칙들을 찾을 수 있습니다.

첫째, 숫자가 늘어선 모양으로 찾을 수 있는 규칙은 다음과 같습니다.

① 오른쪽 위에서 왼쪽 대각선으로 같은 수가 대칭으로 나타납니다.

② 2단에서는 짝수 2, 4, 6, 8이 나온 후 홀수 1, 3, 5, 7, 9가 차례로 나타납니다.

③ 3단에서는 3, 6, 9가 반복해서 나타납니다.

④ 6단에서는 6, 3, 9가 반복해서 나타납니다.

⑤ 7단에서는 홀수가 끝난 후 짝수가 나타납니다.

⑥ 8단에서는 숫자가 일정하게 8, 7, 6, 5, 4, 3, 2, 1, 9로 나타납니다.

⑦ 9단에서는 모든 수가 9로 일정합니다.

⑧ 3단과 6단을 제외한 단에서는 1부터 9까지의 수가 한 번씩 나타납니다.

⑨ 숫자 6에 ○표를 하고, 선으로 이어보면 대칭 모양이 나타납니다.

둘째, 3, 6, 9를 제외한 각 행의 합을 구하면 45로 모두 같

×	1	2	3	4	5	6	7	8	9
1	1	2	3	4	5	6	7	8	9
2	2	4	6	8	1	3	5	7	9
3	3	6	9	3	6	9	3	6	9
4	4	8	3	7	2	6	1	5	9
5	5	1	6	2	7	3	8	4	9
6	6	3	9	6	3	9	6	3	9
7	7	5	3	1	8	6	4	2	9
8	8	7	6	5	4	3	2	1	9
9	9	9	9	9	9	9	9	9	9

습니다.

셋째, 정사각형 모양으로 숫자를 묶고 찾을 수 있는 규칙은 다음과 같습니다.

×	1	2	3	4	5	6	7	8	9
1									
2									
3			9	3	6	9			
4			3	7	2	6			
5			6	2	7	3			
6			9	6	3	9			
7									
8									
9									

① 대각선으로 같은 위치에 숫자가 마주보고 있습니다.

② 네 귀퉁이에 있는 수는 모두 9입니다.

여러분도 다른 규칙을 찾아서 적어 보세요.

7 교시

진약수에는 비밀이 많아요-완전수, 부족수, 과잉수

7교시 학습 목표

1. 완전수, 부족수, 과잉수의 뜻을 알 수 있습니다.

미리 알면 좋아요

1. 그리스의 피타고라스학파는 '만물의 근원은 수' 라고 생각하여 수에 대한 연구를 많이 하였으며, 특히 약수와 관련하여 완전수, 부족수, 과잉수 등에 대해 연구를 하였습니다.

7교시

문제

1 4, 6, 10, 12, 14의 약수를 구하여 약수들의 합자기 자신은 제외을 구한 후, 원래의 숫자와 크기를 비교해 보시오.

숫자	약수	약수들의 합 자기 자신은 제외	자기 자신과 약수의 합과의 크기 비교
4			
6			
10			
12			
14			

피타고라스라는 수학자를 알고 있지요?

피타고라스기원전 582?~497?는 세상을 수학으로 바라본 그리스 철학자입니다. 기원전 582년 무렵 그리스 에게 해에 있는 사모스 섬에서 태어나 이집트와 바빌로니아에서 공부를 했습니다.

오랫동안 유학을 하고 돌아와 이탈리아의 남부 크로톤에 학교를 세우고 그 곳에서 연구와 교육으로 평생을 보냈습니다. 피타고라스는 특히 음악과 수학을 중시하였는데, 음정이 현의 길이에 비례하는 것을 발견하고 음악을 수학의 부분집합으로 생각하였습니다. 현악기에서 한 줄의 길이가 다른 것의 두 배가 될 때 팽팽한 두 개의 현을 뜯으면 조화로운 소리가 나는데, 이런 두 음조 사이의 음악적 간격을 한 옥타브라고 합니다. 조화로운 소리를 내는 모든 현의 길이는 정수의 비율로 표현할 수 있는 것입니다.

피타고라스학파는 '이 세상에서 가장 지혜로운 것은 수이며, 만물의 근원은 수이다' 라는 결론을 내렸습니다. 피타고라스학파 사람들은 자신의 연구를 일반 사람들에게는 공

개하지 않고 자신들끼리만 알고 지내며 철저히 비밀을 유지했기 때문에 누가 무슨 연구를 했는지 알 수 없고 모두 피타고라스학파의 연구 업적이라고 했습니다.

피타고라스학파의 업적으로는 삼각수 이론과 사각수 이론, 정오각형의 작도와 황금비에 대한 연구, 피타고라스 정리, 정다면체 이론 등이 있습니다. 그 중에서 가장 유명한 피타고라스의 정리는 '직각삼각형의 빗변의 제곱은 다른 두 변의 제곱의 합과 같다'는 것입니다. 이 정리는 고대 바빌로니아를 비롯해 여러 나라에서 이미 알고 있었다고 합니다. 하지만 피타고라스학파가 이 정리를 처음으로 증명했기 때문에 **피타고라스 정리**라고 합니다. 이렇게 수학에서는 이미 알고 있는 내용이라고 하더라도 증명이 되어야 수학적으로 정리되는 경우가 많이 있습니다.

피타고라스학파는 '만물의 근원은 수'라고 보았기 때문에 수에 대한 연구를 많이 했습니다. 특히 약수와 관련하여 완전수, 부족수, 과잉수 등에 대하여 연구하였습니다.

진약수

12의 약수는 1, 2, 3, 4, 6, 12입니다. 이 중에서 자기 자신(12)을 제외한 약수를 **진약수**라고 합니다.

완전수

진약수의 합이 자기 자신의 수와 같은 것을 **완전수**perfect number라고 합니다. 6의 약수는 1, 2, 3, 6입니다. 이때 6을 제외한 나머지 약수를 더하면 $1+2+3=6$이 되어 원래의 수 6이 됩니다. 28도 28을 제외한 나머지 약수를 모두 더하면 $1+2+4+7+14=28$이 되어 원래의 수 28이 됩니다.

완전수는 그리스 시대 수학자들이 많은 관심을 가졌으며, 완전수를 신성한 수로 생각했습니다. 자연수 중에서 가

장 작은 완전수는 6입니다. 수에 의미를 부여했던 피타고라스학파는 신이 6일 동안 우주 만물을 창조했으며, 결혼의 최적기는 28세라고 생각했습니다.

성 아우구스티누스는 자신의 저서 《신의 도성》에서 '신은 이 세상을 한 순간에 창조할 수도 있었지만 우주의 완전함을 계시하기 위해 일부러 6일이나 시간을 끌었다' 고 적고 있습니다.

피타고라스는 '완전수의 약수들 합은 완전수 자체와 같다' 는 것 이외에도 완전수는 여러 가지 특유의 성질을 가지고 있음을 알아냈습니다. 그 중의 하나로써 완전수는 항상 연속되는 자연수의 합으로 표현될 수 있다는 것입니다.

$6=1+2+3$

$28=1+2+3+4+5+6+7$

$496=1+2+3+4+5+6+7+8+9+\cdots+30+31$

$8128=1+2+3+4+5+6+7+8+9+\cdots+126+127$

한 달 31일 중에서 완전수에 해당하는 6일과 28일에는 모든 일을 스스로 알아서 완벽하게 해결하는 '퍼펙트 데이'로 정하면 어떨까요? 아니면 완벽하게 노는 것은 어떨까요?

완전수는 몇 개나 있을까요? 처음 그리스 사람들이 발견한 완전수는 6, 28, 496, 8128 이렇게 4개였을 것이라고 추정하고 있습니다. 그 뒤에 33550336, 8589869056, 137438691328 등의 완전수가 있다는 것을 발견했습니다. 1950년 전까지 완전수는 12개만 발견되었으며, 1952년에는 새로운 완전수를 더 찾아내어 17개의 완전수를 찾았습니다. 어떤 완전수는 1372자리의 숫자라고 합니다. 그러나 '완전수가 유한개인가, 무한개인가?' 또는 '지금까지 알려진 완전수는 모두 짝수인데 홀수인 완전수가 존재하는가?' 하는 문제는 아직 밝혀내지 못하고 있습니다. 앞으로 여러분 중에서 이 문제를 밝혀낸다면 수학사에 길이 빛날 수학자가 되겠지요.

부족수

진약수의 합이 자기 자신의 수보다 작은 수를 **부족수** deficient number라고 합니다. 예를 들어 8의 약수는 1, 2, 4, 8입니다. 이때 8을 제외한 나머지 약수를 더하면 $1+2+4=7$이 되어 8보다 작은 수가 됩니다.

과잉수

진약수의 합이 자기 자신의 수보다 큰 수를 **과잉수** abundant number라고 합니다. 예를 들어 12의 약수는 1, 2, 3, 4, 6, 12입니다. 이때 12를 제외한 나머지 약수를 더하면 $1+2+3+4+6=16$이 되어 12보다 큰 수가 됩니다.

지금까지 약수와 관련된 여러 가지 수의 성질들을 살펴보았습니다. 이제는 처음에 나온 문제를 해결해 봅시다.

숫자	약수	약수들의 합 자기 자신은 제외	자기 자신과 약수의 합과의 크기 비교	수의 구분
4	1, 2, 4	3	약수의 합이 자기 자신의 수보다 작다	부족수
6	1, 2, 3, 6	6	약수의 합이 자기 자신의 수와 같다	완전수
10	1, 2, 5, 10	8	약수의 합이 자기 자신의 수보다 작다	부족수
12	1, 2, 3, 4, 6, 12	16	약수의 합이 자기 자신의 수보다 크다	과잉수
14	1, 2, 7, 14	10	약수의 합이 자기 자신의 수보다 작다	부족수

완전수, 부족수, 과잉수를 간단하게 정리하면 다음과 같습니다.

- 완전수 : 진약수의 합이 자기 자신과 같은 수입니다.
  6, 28, 496, 8128, …
- 부족수 : 진약수의 합이 자기 자신의 수보다 작은 수입니다.
- 과잉수 : 진약수의 합이 자기 자신의 수보다 큰 수입니다.

피타고라스학파는 엉뚱해요

'만물의 근원은 수유리수이다' 라는 피타고라스학파의 믿음이 무너지는 일이 생겼습니다. 이 학파에서 탈퇴한 히파토스가 비밀을 세상에 폭로하였기 때문입니다. '모든 수는 유리수이다' 라는 주장과는 달리 '유리수로 표현할 수 없는 수정사각형의 한 변과 대각선 사이의 비율' 가 있다는 것을 세상에 알렸습니다. 이러한 수를 **무리수**라고 합니다. 예를 들면 '넓이가 2인 정사각형에서 한 변의 길이는 얼마일까?' 라는 문제를 보면, 같은 수를 두 번 곱해서 2가 나오는 유리수를 찾을 수 없습니다. 즉 무리수가 있다는 것을 알면서도 피타고라스학파는 세상에 알리지 않은 것입니다. 세상에 알리지 말아야 할 일을 알렸다는 이유로 히파토스가 죽임을 당했다는 이야기도 있습니다.

피타고라스학파는 수학에 대한 연구뿐만 아니라 신체의 감옥으로부터 영혼을 구제하고 물질의 오염으로부터 영혼 정화를 목적으로 하는 일종의 종교 단체이기도 했는데 아주

여러분!
제곱해서 2가 되는 수는 유리수가 아니라 무리수요.
세상은 유리수로만 이루어진 것이 아닙니다.
히파토스
히파토스! 배신자!
너는 세상이 유리수로만 이루어졌다는 피타고라스님의 말씀을 거역했다.
배신자에겐 죽음뿐이다.
!!
악!
내가 죽어도 무리수는 죽지 않는다.

특이한 규율이 있었다고 합니다. 그 중에서 몇 가지를 알아 보면 다음과 같습니다.

- 털로 만든 옷을 입지 말라.
- 쇠붙이로 불을 휘젓지 말라.
- 막대기를 건너뛰지 말라.
- 흰 수탉을 만지지 말라.
- 동물의 심장을 먹지 말라.

– 바닥에 떨어진 것은 절대 다시 집어 들지 말라.

– 불빛 옆에서 거울을 보지 말라.

– 절대로 콩을 먹지 말라.

그 중에서 콩을 먹지 말라는 것은 콩을 먹으면 방귀가 자주 나오게 되는데, 이 단체의 사람들은 방귀와 함께 영혼이 빠져나간다고 믿는 이야기가 있습니다. 지금 생각하면 재미있는 이야기입니다.

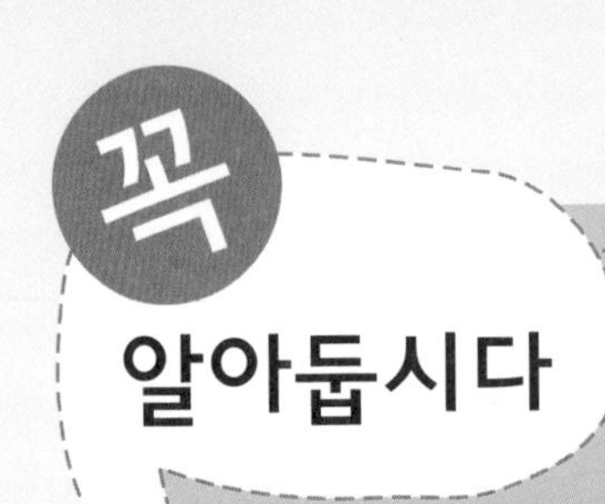

1. **진약수** 어떤 수의 약수 중에서 자기 자신을 제외한 약수

2. **완전수** 진약수의 합이 자기 자신과 같은 수

3. **부족수** 진약수의 합이 자기 자신의 수보다 작은 수

4. **과잉수** 진약수의 합이 자기 자신의 수보다 큰 수

8교시 '나만의 데이'를 만들어 보아요

8교시 학습 목표

1. 1에서 30까지의 수를 완전수, 부족수, 과잉수로 구분할 수 있습니다.
2. 진약수의 합을 이용하여 완전수, 부족수, 과잉수로 구분하는 활동을 통하여 숫자에 대한 흥미를 가질 수 있습니다.
3. 제곱수는 약수의 개수가 홀수임을 이용하여 문제를 해결할 수 있습니다.

미리 알면 좋아요

1. 지난 시간의 학습 내용인 완전수, 부족수, 과잉수의 뜻을 확인합니다.

여러분은 '빼빼로 데이'에 친구들과의 우정을 확인하며 즐겁게 지내고 있지요? 빼빼로 데이인 11월 11일은 숫자의 모양이 빼빼로와 비슷하여 생긴 것입니다.

그럼 이번에는 완전수, 부족수, 과잉수를 이용하여 여러분만의 멋진 '데이'를 만들어 보도록 하겠습니다. 물론 숫자의 생긴 모습이 아니라, 약수를 구하여 약수의 개수, 약수들의 합 등에 의미를 부여하여 만드는 것입니다.

① 먼저 여러분의 생일이 들어있는 달의 1부터 30또는 31까지의 약수를 구합니다.

② 약수의 합을 구한 후 완전수, 부족수, 과잉수로 구분합니다.

③ 완전수, 부족수, 과잉수의 의미를 생각하여 '특별한 데이'를 만들어 봅니다.

④ 아래 표는 약수를 구하고 완전수, 부족수, 과잉수를 구분한 것입니다. 여러분이 구한 것과 같은지 비교해 보세요.

날짜	약수	진약수의 합	수의 구분	날짜	약수	진약수의 합	수의 구분
1	1	1		16	1, 2, 4, 8, 16	15	부
2	1, 2	1	부	17	1, 17	1	부
3	1, 3	1	부	18	1, 2, 3, 6, 9, 18	21	과
4	1, 2, 4	3	부	19	1, 19	1	부
5	1, 5	1	부	20	1, 2, 4, 5, 10, 20	22	과
6	1, 2, 3, 6	6	완	21	1, 3, 7, 21	11	부
7	1, 7	1	부	22	1, 2, 11, 22	14	부
8	1, 2, 4, 8	7	부	23	1, 23	1	부
9	1, 3, 9	4	부	24	1, 2, 3, 4, 6, 8, 12, 24	36	과
10	1, 2, 5, 10	8	부	25	1, 5, 25	6	부
11	1, 11	1	부	26	1, 2, 13, 26	16	부
12	1, 2, 3, 4, 6, 12	16	과	27	1, 3, 9, 27	13	부
13	1, 13	1	부	28	1, 2, 4, 7, 14, 28	28	완
14	1, 2, 7, 14	10	부	29	1, 29	1	부
15	1, 3, 5, 15	9	부	30	1, 2, 3, 5, 6, 10, 15, 30	42	과

완 : 완전수, 부 : 부족수, 과 : 과잉수

민영이는 3일을 '화해의 날' 로 정했습니다. 이유는 3은 1과 자기 자신 이외의 수로는 나눌 수 없는 고집쟁이 수인 소수이므로, 이날만큼은 다른 사람과 화해하고 양보하며 생활하자는 의미로 정했다고 합니다.

영태는 24일을 '나눔 데이' 로 정했습니다. 이유는 1부터

내일은 성대한 파티를 하자.
헉헉
내일이 생일이야?
내 생일은 지난주였잖아.
그런데 웬 파티?
내일은 완전수 6과 28이 모인 6월 28일. 가장 완전한 날이거든.
하하하! 완전 즐거운 파티를 해야겠네.

30까지의 수 중에서 진약수들의 합이 큰 과잉수 중 하나이므로 친구들에게 사랑을 나누어 주자는 의미로 정했다고 합니다. 여러분은 어떤 수에 어떤 의미를 두고 데이를 정했는지 적어 보세요.

날짜	수의 구분 완전수, 부족수, 과잉수	내가 만든 날 데이	이유

위의 결과를 보고 다음과 같이 정리한 것입니다. 숫자들의 또 다른 비밀이 들어 있답니다.

분류 기준		기준에 맞는 수
약수의 개수	1개인 수	1
	2개인 수	2, 3, 5, 7, 11, 13, 17, 19, 23, 29 이러한 수들을 소수라고 합니다
	3개 이상인 수	4, 6, 8, 9, 10, 12, 14, 15, 16, 18, 20, 21, 22, 24, 25, 26, 27, 28, 30
약수의 개수	짝수 개인 수	2, 3, 5, 6, 7, 8, 10, 11, 12, 13, 14, 15, 17, 18, 19, 20, 21, 22, 23, 24, 26, 27, 28, 29, 30
	홀수 개인 수	1, 4, 9, 16, 25 이러한 수들을 제곱수라고 합니다
피타고라스 학파의 숫자 분류	부족수	2, 3, 4, 5, 7, 8, 9, 10, 11, 13, 14, 15, 16, 17, 19, 21, 22, 23, 25, 26, 27, 29
	완전수	6, 28
	과잉수	12, 18, 20, 24, 30

위의 표를 보고 아마 여러분은 제곱수가 무엇인지 딱! 알았을 것입니다. '제곱수란 자기 자신을 두 번 곱해서 나오는 수' 입니다.

$4=2\times2$이고 이것을 2^2라고 쓰며, '2의 제곱' 이라고 읽습니다. 이때 위로 올려진 2를 **지수**라고 합니다. 또한 $8=2\times2\times2$이고 2^3이라고 쓰며, '2의 세제곱' 이라고 읽습니다.

제곱수의 약수 개수는 자기 자신을 두 번 곱하므로 개수를 셀 때에는 홀수 개가 되는 것입니다. 제곱수의 예를 들면 1=1×1, 4=2×2, 9=3×3, 16=4×4, 25=5×5와 같은 수들입니다. 이러한 숫자들을 보고 생각나는 것이 또 없나요? 맞아요. 정사각형의 넓이 구하는 방법과 같다는 것을 알 수 있습니다.

열린 성문의 개수를 구하라!

고대 어느 왕국의 수도를 둘러싸고 있는 성벽에는 100개의 문이 있습니다. 매일 새벽이 되면 100명의 근위대가 일렬로 성벽을 돌며 성문에 이상이 없는지 다음과 같은 방법으로 성문을 열고 닫으며 점검한다고 합니다.

첫 번째 근위병은 성문을 모두 다 연다.

두 번째 근위병은 짝수 번째의 문을 닫는다.

세 번째 근위병은 3의 배수의 문이 열려 있으면 닫고, 닫혀 있으면 연다.

네 번째 근위병은 4의 배수의 문이 열려 있으면 닫고, 닫혀 있으면 연다.

다섯 번째 근위병은 5의 배수의 문이 열려 있으면 닫고, 닫혀 있으면 연다.

…….

이러한 방법으로 100명의 근위병이 모두 지나가고 난 뒤에 열려 있는 성문은 몇 개입니까? 또 몇 번째 문들이 열려 있겠습니까?

만약 1000개의 성문을 1000명의 근위병이 지나가면서 문을 여닫는다면 몇 개의 문이 열려 있겠습니까?

이 문제의 해결 방법을 알아보도록 합시다.

100개의 성문, 100명의 근위병 문제가 너무 복잡하지요? 문제를 '간단히 하기'와 '표 그리기 전략'을 사용하여 알아보도록 합시다. 일단은 성문을 20개, 근위병의 숫자를 20명으로 하여 해결해 보도록 합시다.

그렇다면 어떻게 조사할 수 있을까요? 우선 가로 줄에는 성문 번호를, 세로 줄에는 근위병의 번호를 적어서 표를 만들어 봅시다. 근위병이 지나가면서 성문을 열면 ○표를, 그 문을 닫으면 ×표를 써 넣어 봅시다. 이렇게 20명의 근위병이 지나간다면 다음과 같은 표가 나옵니다.

성문 / 근위병	1	2	3	4	5	6	7	8	9	10	11	12	13	14	15	16	17	18	19	20
1	○	○	○	○	○	○	○	○	○	○	○	○	○	○	○	○	○	○	○	○
2		×		×		×		×		×		×		×		×		×		×
3			×			○			×			○			×			○		
4				○				○				×				○				○
5					×					○					○					×
6						×						○						×		
7							×							○						
8								×								×				
9									○									○		
10										×										○
11											×									
12												×								
13													×							
14														×						
15															×					
16																○				
17																	×			
18																		×		
19																			×	
20																				×

위와 같이 표를 만들어 보았더니 1, 4, 9, 16번째의 문들이 열려 있는 것을 알 수 있습니다. 1, 4, 9, 16의 공통점은 성문에 손을 대고 간 근위병들의 숫자가 홀수 명이고, 닫혀 있는 성문들에 손을 대고 간 근위병들의 숫자는 짝수라는

것을 알 수 있습니다. 예를 들어 4번 성문은 열고, 닫고, 열어서 마지막엔 열리게 됩니다. 8번 성문은 열고, 닫고, 열고, 닫아서 마지막에 닫히게 됩니다.

100명의 근위병, 100개의 성문일 경우에는 열려 있는 성문은 10개입니다. 즉 열려 있는 문들은 1, 4, 9, 16, 25, 36, 49, 64, 81, 100번째의 성문들입니다.

1000명의 근위병, 1000개의 성문일 경우에는 제곱수의 크기가 1000보다 작은 경우를 구하면, 열려 있는 성문의 개수는 31개입니다.

열려 있는 문들은 1=1×1, 4=2×2, 9=3×3, 16=4×4, 25=5×5, 36=6×6, 49=7×7, 64=8×8, 81=9×9, 100=10×10, 121=11×11, 144=12×12, 169=13×13, 196=14×14, 225=15×15, 256=16×16, 289=17×17, 324=18×18, 361=19×19, 400=20×20, 441=21×21, 484=22×22,

529=23×23, 576=24×24, 625=25×25, 676=26×26, 729=27×27, 784=28×28, 841=29×29, 900=30×30, 961=31×31번째의 성문들입니다.

이 문제를 약수의 개수와 관련지어서 생각해 보면, 어떤 자연수가 n이라면, 그 문에 손을 대는 근위병의 수는 n의 약수의 개수입니다. 그러니까 열려 있는 문은 약수의 개수가 '홀수' 라는 것을 알 수 있습니다.

예를 들어 16의 약수는 1×16, 2×8, 4×4와 같이 두 수의 곱을 찾아서 구할 때, 두 개의 같은 4를 모두 약수로 생각하는 것이 아니라, 한 개만을 약수로 생각하게 되므로 제곱수일 경우에는 약수의 개수가 홀수 개가 됩니다. 즉 제곱수같은 수를 두 번 곱한 수는 약수의 개수가 홀수입니다.

1. 약수가 1과 자기 자신, 즉 2개 밖에 없는 수를 '소수' 라고 합니다.

2. '제곱수' 는 약수의 개수가 홀수입니다. 이러한 성질을 이용한 문제인 '열린 성문의 개수 구하기' 를 다시 한 번 확인해 보세요.

9 교시
숫자에도
친화수와 부부수가
있어요

9교시 학습 목표

1. 친화수우애수, 부부수의 뜻을 알 수 있습니다.

미리 알면 좋아요

1. **수비학** 친화수우애수, 부부수에는 숫자에 대한 피타고라스학파의 생각이 깃들어 있습니다. 이렇게 수의 성질이나 수의 신비를 연구하는 학문을 '수비학'이라고 합니다.

9교시

문제

1. 220과 284의 약수를 구하고, 각각 진약수의 합을 구해 보시오. 어떤 특징을 발견할 수 있나요?

2. 48과 75의 약수를 구하고, 각각 진약수의 합을 구해 보시오. 어떤 특징을 발견할 수 있나요?

친화수 우애수

220의 진약수를 구하면 1, 2, 4, 5, 10, 11, 20, 22, 44, 55, 110이며, 진약수의 합을 구하면 284입니다.

284의 진약수를 구하면 1, 2, 4, 71, 142이며, 진약수의 합을 구하면 220입니다. 220의 진약수의 합은 284이며, 284의 진약수의 합은 220이라는 것을 알 수 있습니다. 다시 말하면 각 수의 진약수의 합이 다른 수와 같다는 것입니다. 이와 같은 수를 피타고라스학파는 **친화수**amicable number라고 했습니다.

고대 사람들은 친화수에서 '또 다른 나' 라고 할 수 있는 친구와의 우정을 생각했습니다. 친화수인 두 수는 특별한 관계이기 때문에 친구와의 우정이 변치 않기를 바라는 의미에서 친화수를 적어서 하나씩 나누어 갖는 풍습이 유행하기도 했다고 합니다. 또한 이 수들은 부적을 만드는 데 사용되기도 했으며, 마법이나 점성술에서도 중요하게 여겨졌습니다.

고대 수학자들은 220과 284 이외의 친화수는 알지 못했습니다.

1636년 프랑스의 수학자 페르마가 두 번째 친화수인 17296과 18416을 찾아냈으며, 1638년 프랑스의 수학자 데카르트가 세 번째 친화수인 9363584와 9437056을 찾았고, 스위스의 수학자 오일러가 더 연구한 끝에 60쌍의 친화수를 찾았다고 합니다. 1866년에는 16세의 이탈리아 소년 니콜로 파가니니가 1184와 1210의 친화수를 발견했다고 합니다. 최근까지 컴퓨터를 이용해 알아낸 1백억보다 작은 친화수의 쌍은 1427이라고 합니다. 지금까지 발견된 친화수는 모두 짝수이거나 모두 홀수라는 특징을 가지고 있습니다.

1636년 프랑스
220과 284 말고도 17296과 18416도 친화수라는 사실을 발견해냈다.
페르마
1638년 프랑스
세 번째 친화수인 9363584와 9437056을 찾았다.
데카르트
하하하! 나는 무려 60쌍의 친화수를 찾아냈어. 나보다 더 많은 친화수를 찾아내긴 힘들 걸.
스위스의 수학자 오일러
1866년 이탈리아
16세
큰 수에서만 친화수를 찾을 필요는 없지요. 1184와 1210처럼 비교적 간단한 수도 친화수랍니다.
니콜라 파가니니
1백억보다 작은 친화수의 쌍은 1427입니다.
Com
지금까지 발견된 친화수는 모두 짝수이거나 모두 홀수라는 특징을 갖고 있습니다.

예를 들면 220과 284는 짝수로 이루어진 친화수이고, 14595와 12285는 홀수로 이루어진 친화수입니다.

부부수

48의 진약수를 구하면 1, 2, 3, 4, 6, 8, 12, 16, 24이며 1을 제외한 진약수들의 합은 75입니다. 75의 진약수를 구하면 1, 3, 5, 15, 25이며 1을 제외한 진약수들의 합은 48입니

다. 이와 같이 1과 자기 자신을 제외한 약수들의 합이 서로 같아지는 수를 **부부수**라고 합니다.

지금까지 발견된 부부수는 (140, 195), (1575, 1648), (1050, 1925) 등이 있는데 특이하게도 짝수와 홀수가 결합되어 있습니다. 짝수 끼리나 홀수끼리의 쌍은 지금까지 하나도 발견되지 않았습니다.

홀수는 남성, 짝수는 여성

완전수, 친화수, 부부수라는 명칭에는 피타고라스학파의 숫자에 대한 생각이 깃들어 있습니다. 이들은 수에 대한 집착이 지나쳐서 미신적인 주술의 단계로 발전했습니다.

이들은 짝수를 여성, 홀수를 남성이라 생각하였으며, 이러한 연상으로부터 짝수는 악, 홀수는 선을 상징한다고 생각했습니다. 그 이유는 짝수는 계속해서 이등분될 수 있는데 이 과정이 명확한 것을 선호하는 그리스인에게는 공포감을 주었던 것 같습니다. 2는 최초의 짝수로 소신을 나타내며, 3은 1을 제외하면 최초의 홀수로 조화를 상징하는 남성수입니다. 근원수 1을 제외한 최초의 남성수인 3과 최초의 여성수 2를 더한 5를 결혼의 수라고 생각하였습니다.

피타고라스학파가 생각한 가장 이상적인 수는 10이었는데, 그 이유는 연속된 수 1, 2, 3, 4의 합이기 때문입니다. 그리고 10이 이상적인 수이기 때문에 우주에서 움직이는 천체도 모두 10개라고 주장했습니다.

이렇게 수의 성질이나 수의 신비를 연구하는 학문이 '수비학' 입니다. 수를 연구한다기보다는 수를 통해 신의 섭리를 찾아내는 학문이라고 할 수 있습니다. 수비학은 옛날에만 존재하는 학문이 아닙니다. 지금도 우리 주위에는 수비학의 유물들이 남아 있습니다. 행운의 7, 죽음을 의미하는 4, 우리나라의 아홉수, 기독교의 13이나 666 등이 그 예입니다.

이러한 수비학의 대가가 피타고라스학파입니다. 피타고라스학파는 몇 천 년의 역사가 흐르는 동안 종교적인 색채는 거의 사라지고 수학적 업적만 남아 있습니다.

나는 나중에 행운을 뜻하는
7이 두 개인 7월 7일에
결혼을 할 거야.
나는 5월 5일에
결혼할거야.
왜 어린이날 결혼을 해?
5은 남성을 뜻하는 3과 여성을
뜻하는 2가 더해진 결혼수거든
3+2
그래?
그럼 나도
5월 5일에
결혼해야겠다.
너 나랑 결혼을
하자는 얘기야?
나도 5월 5일에
결혼을 하겠다는
얘기일 뿐이야.
혹시 모르지.
너랑 결혼하게
될지도….

1. 친화수 우애수　각 수의 진약수의 합이 같아지는 두 수를 이르는 말입니다. 예를 들어 220의 진약수의 합은 284이고, 284의 진약수의 합은 220입니다. 이때 220과 284 두 수를 친화수우애수라고 합니다.

2. 부부수　1을 제외한 진약수의 합이 같아지는 두 수를 이르는 말입니다. 예를 들어 75의 약수 중에서 1을 제외한 진약수의 합은 48입니다. 48의 약수 중에서 1을 제외한 진약수의 합은 75입니다. 이때 48과 75를 부부수라고 합니다.

10 교시
합성수
composite number와
소수prime number

10교시 학습 목표

1. 합성수와 소수의 뜻을 알고, 소수를 구할 수 있습니다.
2. 소수 연구가 왜 중요한지 알 수 있으며, 소수가 활용되는 곳을 알 수 있습니다.

미리 알면 좋아요

1. 약수의 개수에 따라 합성수와 소수로 나눌 수 있습니다.
   1) 합성수 – 약수가 3개 이상인 수
   2) 소수 – 약수가 1과 자기 자신 밖에 없는 수
   3) 1은 약수가 1개뿐이므로 합성수도 소수도 아닙니다.

문제

1 다음 수들의 공통점을 무엇일까요?

2, 3, 5, 7, 11, 13, 17, 19, 23, 29, 31, 37, 41, …

조르쥬 미프라는 《신비로운 수의 역사》에서 인간 지성의 환상적 모험이 만들어낸 1, 2, 3, 4, 5, 6, 7, 8, 9, 0이 불의 사용, 전기의 발명만큼이나 혁신적인 사건이라고 하였습니다.

인류가 발명한 이러한 수에는 여러 가지 특이한 성질이 있습니다. 예를 들어 2에서 한 개씩 건넌 숫자들은 짝수이고, 그 이외의 숫자들은 홀수이며 2의 배수는 모두 짝수입니다.

수학자들은 수의 특이한 점과 규칙을 주제로 연구합니다. 그들은 작은 수에서 시작하여 큰 수에도 규칙성이 반복하는지를 연구합니다.

아래 숫자들은 아주 특별한 성격을 가지고 있습니다.

2, 3, 5, 7, 11, 13, 17, 19, 23, 29, 31, 37, 41, ….

이 숫자들이 가지고 있는 공통점을 알 수 있나요? 2를 제외하면 모두 홀수입니다. 서로 관련이 없어 보이는 이 숫자들의 공통점은 약수, 나누기와 관련이 있습니다. 이 숫자들은 더 작은 수로 나누는 것이 불가능합니다. 단지 1과 자기 자신으로만 나눌 수 있습니다. 이러한 수, 즉 '더 이상 작은 수의 곱으로 분해할 수 없는 자연수' 들을 **소수**라고 합니다. 그러니까 소수는 곱셈의 세계에서는 더 이상 작은 수로 분해할 수 없는 가장 작은 단위의 수라고 할 수 있습니다.

약수가 3개 이상인 수는 **합성수**라고 합니다. 1은 약수가 1개뿐이므로 소수도 합성수도 아닙니다.

교과서에 나오는 소수에는 두 가지가 있습니다.

첫 번째 소수小數는 0.1, 0.28, 5.34 등과 같이 소수점을 사용하여 십 분의 일 배씩 작아지는 수까지 나타낼 수 있는 수를 말합니다.

두 번째 소수素數에서 '素' 는 한자 의미로 '본디' 라는 뜻이 있습니다. '본디' 란 근본을 말하며 따라서 소수란 근본이 되는 수를 말합니다. 즉 소수란 어떤 수의 곱으로 나타낼 수 없는 수를 말합니다.

만일 하나의 수가 어떤 수로 나누어진다면, 나누는 수를 **인수**라고 부릅니다. 인수라고 하는 것은 '어떤 수의 바탕이 되는 수' 라는 뜻입니다. 수에서 인수라고 하는 것은 약수라

는 것과 같은 뜻으로 생각하면 됩니다. 주로 숫자를 이야기할 때에는 '약수' 라는 말을 많이 사용하고, 식을 놓고 이야기를 할 때에는 '인수' 라는 말을 많이 사용합니다. 결국 다항식의 인수분해와 정수의 소인수분해는 똑같은 것입니다.

차수가 높은 다항식을 1차식의 인수 곱으로 분해하여 나타내는 것을 **인수분해**라고 합니다. 이때 생기는 1차식을 **인수**라고 합니다. 인수분해는 방정식의 해를 쉽게 구할 수 있어서 수학적으로 매우 편리한 방법입니다.

예를 들어 $x^2-2x-8=0$이라는 2차식의 방정식이 있습니다.

이 방정식을 인수분해하면 $(x-4)(x+2)=0$이고 이 식이 0이 되기 위해서는 두 개의 인수 중에서 적어도 어느 하나가 0이 되어야 하기 때문에 $x=4$, $x=-2$입니다.

1보다 큰 자연수는 소수의 곱으로 나타낼 수 있는데, 이를 **소인수분해**라고 합니다. 예를 들면 6은 2와 3으로 나눌 수 있습니다. 따라서 6은 소수가 아니며, 6을 소인수분해로 나타내면 2×3입니다.

또다른 예를 들어 보면, 60을 소인수분해하면 $60=2^2\times3\times5$입니다.

이와 같은 소인수분해는 공배수를 찾을 때, 약분할 때, 약수를 찾을 때 편리하게 사용할 수 있습니다.

소인수분해를 이용하여 60의 약수를 찾는다면, 1, 2, 2^2, 3, 5, 2×3, 2×5, 3×5, $2^2\times3$, $2^2\times5$, $2\times3\times5$, $2^2\times3\times5$입니다.

컴퓨터가 등장하기 전까지 인간이 알아 낸 가장 큰 소수는 39자리이지만, 최근에는 컴퓨터 프로그램을 이용하여 더 큰 소수를 찾아내기 위하여 노력하고 있습니다. 최근에 알려진 가장 큰 소수는 2006년 9월 11일, 커티스 쿠퍼 박사Dr. Curtis Cooper와 스티븐 부네 박사Dr. Steven Boone가 주도하는 미국 센트럴 미주리 주립대학 팀CMSU이 발견한 980만 8358자리의 숫자라고 합니다.

소수 찾아내기

소수를 간단하게 찾아내는 방법은 없을까요?

소수를 쉽게 찾아내는 방법으로는 숫자를 체에 거르는 것입니다. 물체를 체에 거르면 체의 구멍보다 작은 것은 빠져나가고 구멍보다 큰 것은 위에 남게 되지요. 소수도 같은 방법으로 걸러내는 방법을 에라토스테네스가 만들어 냈습니다.

기원전 3세기에 키레네지금의 리비아 지역 출신의 에라토스테네스BC 275?~BC194?는 이집트 알렉산드리아에 있는 유명한 도서관의 사서였습니다. 그는 매우 학식이 높았으며 지리학, 수학, 철학, 언어학 등 모든 분야에서 뛰어난 능력을 가진 사람이었습니다. 태양빛을 이용하여 지구의 둘레를 구하기도 하고, 지구와 태양 사이의 거리를 계산해 내기도 하였습니다. 특히 소수를 찾아내는 방법인 **에라토스테네스의 체**를 알아보도록 하겠습니다.

에라토스테네스의 체를 이용하여 1부터 100까지의 소수 찾기

• 1부터 100까지의 숫자를 적습니다.

1	2	3	4	5	6	7	8	9	10
11	12	13	14	15	16	17	18	19	20
21	22	23	24	25	26	27	28	29	30
31	32	33	34	35	36	37	38	39	40
41	42	43	44	45	46	47	48	49	50
51	52	53	54	55	56	57	58	59	60
61	62	63	64	65	66	67	68	69	70
71	72	73	74	75	76	77	78	79	80
81	82	83	84	85	86	87	88	89	90
91	92	93	94	95	96	97	98	99	100

• 우선 1은 소수가 아니므로 지웁니다.

	2	3	4	5	6	7	8	9	10
11	12	13	14	15	16	17	18	19	20
21	22	23	24	25	26	27	28	29	30
31	32	33	34	35	36	37	38	39	40
41	42	43	44	45	46	47	48	49	50
51	52	53	54	55	56	57	58	59	60
61	62	63	64	65	66	67	68	69	70
71	72	73	74	75	76	77	78	79	80
81	82	83	84	85	86	87	88	89	90
91	92	93	94	95	96	97	98	99	100

• 2는 소수이므로 남겨두고, 2의 배수는 소수가 아니므로 지웁니다.

	2	3		5		7		9	
11		13		15		17		19	
21		23		25		27		29	
31		33		35		37		39	
41		43		45		47		49	
51		53		55		57		59	
61		63		65		67		69	
71		73		75		77		79	
81		83		85		87		89	
91		93		95		97		99	

• 3은 소수이므로 남겨두고, 3의 배수는 지웁니다.

	2	3		5		7			
11		13				17		19	
		23		25				29	
31				35		37			
41		43				47		49	
		53		55				59	
61				65		67			
71		73				77		79	
		83		85				89	
91				95		97			

• 5는 소수이므로 남겨두고, 5의 배수는 지웁니다.

	2	3		5		7			
11		13				17		19	
		23						29	
31						37			
41		43				47		49	
		53						59	
61						67			
71		73				77		79	
		83						89	
91						97			

• 7은 소수이므로 남겨두고, 7의 배수는 지웁니다.

	2	3		5		7			
11		13				17		19	
		23						29	
31						37			
41		43				47			
		53						59	
61						67			
71		73						79	
		83						89	
						97			

• 위와 같은 방법으로 지워 나갈 때 남는 수가 바로 소수입니다.

	2	3		5		7			
11		13				17		19	
		23						29	
31						37			
41		43				47			
		53						59	
61						67			
71		73						79	
		83						89	
						97			

• 1부터 100 사이에는 소수가 몇 개 입니까? 체 위에 남는 소수를 적어 보세요.

25개로 2, 3, 5, 7, 11, 13, 17, 19, 23, 29, 31, 37, 41, 43, 47, 53, 59, 61, 67, 71, 73, 79, 83, 89, 97입니다.

소수는 매우 중요해요

수학자들은 소수에 많은 관심을 가지고 있습니다. 어떤 수학자는 평생을 소수만 연구하기도 한답니다. 수학자들은 왜 이렇게 소수에 관심이 많을까요?

소수는 실제 생활에 많이 응용되고 있습니다. 신용 카드나 금융거래, 사이버 쇼핑 같은 데에는 쉽게 풀리지 않는 암호가 꼭 필요합니다. 전자 상거래나 인터넷 뱅킹이 늘어날수록 암호를 사용한 보호 장치가 필요한 것입니다. 오늘날 전자 상거래에서 가장 널리 쓰이는 암호는 공개열쇠암호체계입니다. 공개열쇠암호체계 중 대표적인 RSA체계는 1978년 MIT대학의 로널드 리베스트Ronald Rives, 아디 샤미르Adi Shamir, 레너드 에이들먼Leonard Adleman 세 사람이 소인수분해의 원리를 이용해서 만든 것으로, 이들 이름의 가운데 첫 글자를 따서 이름을 붙였습니다.

예를 들어 두 소수 41과 59의 곱이 2419임을 계산하는 것은 쉽지만 거꾸로 소인수분해해서 두 소인수 41과 59를 찾는 것은 쉽지 않습니다. RSA체계는 이 원리를 이용해서 아주 큰 두 소수를 비밀 열쇠로 하고, 그 곱을 공개 열쇠로 쓰고 있습니다. 주어진 수가 어떤 두 소수의 곱인지 알아내기 위해서는 아주 오랜 시간이 걸립니다. 만약 두 소수가

130자리라면, 현재의 계산 방법에 의해 컴퓨터로 이것을 푸는 데 한 달이 걸린다고 합니다. 만약 400자리이면 10억 년이 걸립니다.

소주 1병7잔에 숨어 있는 비밀

어른들이 마시는 소주 1병을 소주잔에 따르면 7잔이 나온다고 합니다. 하지만, 처음에는 7잔이 아니었다고 합니다. 그러면 왜 7잔이 되었을까요? 단순히 양을 줄이기 위해서 7잔으로 줄였을 수도 있고, 용량을 적절히 하다 보니 그렇게 되었을 수도 있습니다. 하지만, 이는 소주의 판매를 늘리기 위해서 소주 1병의 용량과 소주 1잔의 크기를 조절하여 7잔이 되도록 한 것이라고 합니다.

7은 소수이기 때문에 2, 3, 4, 5, 6의 수로 나누어떨어지지 않고 나머지가 남게 됩니다. 즉 소주 1병을 두 사람이 나눠 마실 경우에는 한 사람 당 3잔씩 마시면 1잔이 남고, 세 사람이 나눠 마시면 2잔씩 마시고 1잔이 남고, 네 사람이 나눠 마시게 되면 2잔씩 마시기에 1잔이 부족하게 됩니다. 바로 이렇게 조금 남고 조금 부족한 술로 인해 술을 마시는 사람들은 1병의 소주를 더 시키게 되어 소주의 판매량을 늘릴 수 있었다고 합니다.

소수와 관련하여 재미있는 연구들이 있습니다.

골드바흐의 가정

독일 수학자 골드바흐1690~1764가 있었습니다. 그는 '2보다 큰 짝수는 두 개의 소수의 합으로 쓸 수 있다' 고 주장했습니다. 예를 들면 4=2+2, 6=3+3, 8=5+3, 10=7+3, 12=7+5, 30=13+17으로 나타내는 것입니다.

현재까지 이것이 사실이라는 것을 증명한 사람이 없었습니다. 그렇다고 틀렸다고 증명한 사람도 없습니다. 수학에서는 맞거나 틀리는 것에 대한 증명이 있어야 '정리' 가 됩니다. 그래서 이것은 하나의 추측, 즉 **골드바흐의 가정**이라고 부릅니다.

라그랑주의 정리

약 2천 년 전에 그리스인들은 이미 '모든 자연수는 제

2보다 큰 짝수는 두 개의 소수의 합으로 쓸 수 있습니다.
골드바흐
자! 보시죠.
4=2+2, 6=3+3, 8=5+3, 10=7+3, 12=7+5, 30=13+17
어떻습니까?
골드바흐의 말은 틀렸어.
아냐 맞는 말이야!
아무리 큰 짝수도 두 개의 소수의 합이란 사실을 증명해보게.
그럼 골드바흐의 얘기가 틀렸다는 걸 증명해보게.
골드바흐의 주장이 맞는지 틀리는지 그것조차 모르겠네.

곱수자기 자신의 수를 두 번 곱한 수의 합으로 쓸 수 있다'는 주장을 했습니다. 다시 말하면 2개에서 4개의 제곱수의 합으로 쓸 수 있으며, 5개 이상의 제곱수가 필요한 경우는 없다는 것입니다. 예를 들면 $6=4+1+1$, $13=9+4$, $13=4+4+4+1$으로 나타내는 것입니다.

정말로 아무리 큰 수라고 할지라도 4개의 제곱수로 표현하는 것이 가능한 것일까요? 그리스인들의 주장은 옳은 것이었습니다. 라그랑주가 그것을 증명하였습니다.

메르센 소수

메르센 소수는 1600년대 초, 프랑스의 성직자로 수학, 신학, 철학, 음악을 가르쳤던 마랭 메르센의 이름을 딴 것입니다. 소수에 관심이 많았던 메르센은 모든 소수를 나타낼 수 있는 수학 공식을 찾으려고 노력했습니다.

메르센 소수는 2를 소수만큼 곱한 다음 그 수2의 거듭 제곱수에서 1을 뺀 수입니다. 첫 번째 메르센 소수는 2가 소수이므로 $2\times2-1=2^2-1=3$이고, 두 번째 메르센 소수는 3이 소수이므로 $2^3-1=7$이고, 그 다음 메르센 소수는 5가 소수이므로 $2^5-1=31$입니다. 현재에도 메르센 소수를 찾으려는 수학자들의 노력은 계속되고 있습니다.

쌍둥이 소수

소수 중에서 앞뒤 소수의 차가 2인 소수를 쌍둥이 소수라고 부릅니다.

지금까지 발견된 쌍둥이 소수에는 (3, 5), (5, 7), (11, 13), (17, 19), (29, 31), (41, 43), (59, 61), (71, 73), (101, 103), (107, 109)가 있습니다.

아직도 쌍둥이 소수가 무한히 많은 것이 아닌가? 라는 의문에 확실한 답이 없이 수학자들은 소수 연구에 매달리고 있습니다.

1. **소수** 더는 작은 수의 곱으로 분해할 수 없는 수를 소수라 합니다.

2. **소인수분해** 1보다 큰 자연수를 소수의 곱으로 나타내는 것을 소인수분해라고 합니다.

3. '에라토스테네스의 체' 를 이용하여 소수를 구할 수 있습니다.

4. 소수는 인터넷 상거래, 금융 거래, 신용 카드 등의 암호에 중요하게 사용됩니다.

11교시

공배수와 최소공배수

11교시 학습 목표

1. 최소공배수의 뜻을 알고 두 수의 최소공배수를 구할 수 있습니다.
2. 두 수의 최소공배수를 구하는 여러 가지 방법을 알 수 있습니다.

미리 알면 좋아요

1. **회갑**환갑 사람이 태어나서 60년 만에 맞이하는 회갑回甲은 10간干과 12지支의 최소공배수인 60과 관계 깊은 말입니다.

여러분의 띠가 무엇인지, '무슨 년'에 태어났는지 알고 있나요?

사회 시간에 기미년 3 · 1운동, 병자호란, 임진왜란, 갑신정변, 갑오개혁 같은 말을 들어보았을 것입니다. 여기서 '기미, 병자, 임진, 갑신, 갑오'는 어떻게 정해진 것일까요? 2007년은 '정해년' 황금돼지의 해라고 많은 사람들이 결혼을 하거나 아이를 낳으려고 했습니다.

이러한 말들은 모두 10간干, 12지支와 연관되어 있습니다. 간干은 천간天干을 줄인 말로 나무줄기를 뜻하고, 양과 하늘을 나타냅니다. 지支는 지지地支를 줄인 말로 나뭇가지를 뜻하고, 음과 땅을 나타냅니다.

10간은 갑甲, 을乙, 병丙, 정丁, 무戊, 기己, 경庚, 신辛, 임壬, 계癸이고, 12지는 자子, 축丑, 인寅, 묘卯, 진辰, 사巳, 오午, 미未, 신申, 유酉, 술戌, 해亥입니다.

사람이 태어난 해의 지지地支는 12가 되는 것이고 여기에 쥐, 소, 호랑이, 토끼 등의 동물을 연결시키면 그 사람의 띠가 되는 것입니다.

십간	갑	을	병	정	무	기	경	신	임	계		
십이지	자	축	인	묘	진	사	오	미	신	유	술	해
상징동물	쥐	소	호랑이	토끼	용	뱀	말	양	원숭이	닭	개	돼지

10간의 '정'과 12지의 '해'를 연결하면 '정해년'이 되는 것입니다. 이처럼 앞에는 '간'이 오고, 뒤에는 '지'가 오

도록 일대일로 연결하면 모두 60개가 됩니다. 약수와 배수를 이용하여 알아보도록 하겠습니다.

회갑回甲이라는 단어를 들어보았을 것입니다. 회갑回甲은 '갑자'가 한 바퀴를 돌고 다시 '갑자'로 돌아오는 데 걸린 60년을 축하하는 잔치입니다. '간'은 10개이기 때문에 10의 배수이고, '지'는 12의 배수입니다. '갑자'는 10간干과 12지支의 최소공배수인 60년이 지나고 다시 찾아옵니다. 10간干과 12지支를 이용하여 나올 수 있는 60간지를 찾아보고 여러분과 다른 식구들이 태어난 해의 이름을 찾아보세요. 또한 올해와 내년의 이름을 찾아보세요.

60간지

갑자	을축	병인	장묘	무진	기사	경오	신미	임신	계유
갑술	을해	병자	정축	무인	기묘	경진	신사	임오	계미
갑신	을유	병술	정해	무자	기축	경인	신묘	임진	계사
갑오	을미	병신	정유	무술	기해	경자	신축	임인	계묘
갑진	을사	병오	정미	무신	기유	경술	신해	임자	계축
갑인	을묘	병진	정사	무오	기미	경신	신유	임술	계해

'갑자년' 이 왜 60년에 한 번씩 돌아오는지 살펴봅시다.

'10간' 은 10년마다, '12지' 는 12년마다 돌아옵니다.

10의 배수 : 10, 20, 30, 40, 50, (60), 70, 80, 90, 100, 110, (120), …

12의 배수 : 12, 24, 36, 48, (60), 72, 84, 96, 108, (120), 132, …

여기서 60, 120, …은 10의 배수도 되고 12의 배수도 됩니다. 이와 같이 10과 12의 공통인 배수를 10과 12의 '공배수' 라고 하고 공배수 중에서 가장 작은 수를 **최소공배수**라고 합니다.

10과 12의 최소공배수는 60이고 '공배수' 는 '최소공배수' 의 배수가 됩니다. '갑자년' 은 60의 배수인 120, 180, 240, 300, …이 지나면 돌아오게 됩니다.

수학에서는 '최소공배수' 를 중요하게 여기고 있습니다. 그럼 '최대공배수' 는 있을까요?

10과 12의 최소공배수는 60입니다.

10과 12의 공배수는 최소공배수의 배수이므로 60, 120,

2008년을 다른 말로
무자년이라고 부른대.
맞았어.

그런데 왜 무자년이라고
부르는 거야?

옛날 우리 조상님들은 10간
12지라는 걸 사용하셨거든
거기에서 유래해서
무자년이라는 명칭이
생겨나게 된 거야.
10간12지

그럼 무자년은 10 X 12해서
120년이 지나고 121년 후에
다시 돌아오겠네?
121년후?

10과 12의 최소공배수를
찾아야지.
10과 12의 최소공배수?
그건 알아. 60이지.

그러니까 60년 후에
무자년이 다시 돌아오는
거야.

60년 후에는 꼬부랑
할머니가 되어 있겠다.
헤헤~!

180, 240, 300, …으로 계속 만들어 갈 수 있습니다. 그러나 끝이 없이 이어지는 자연수 중에서 제일 큰 수를 찾을 수 없으므로 '최대공배수' 도 찾을 수 없습니다.

이번에는 10과 12의 소인수분해를 이용하여 두 수의 최소공배수를 구해 봅시다.

① 각각의 자연수를 소인수분해합니다.

② 각 수의 공통인 소인수는 같은 수가 가장 많이 곱해진 것을 택합니다.

③ 공통이 아닌 수는 모두 선택하여 곱합니다.

$10=2\times5$

$12=3\times2\times2$

따라서 10과 12의 최소공배수는 $3\times2\times2\times5=60$입니다.

유클리드 호제법을 이용하여 구해 보면 최소공배수는 $2\times5\times6=60$입니다.

$$
\begin{array}{r|rr}
2 & 10 & 12 \\
\hline
 & 5 & 6
\end{array}
$$

세 수 18, 24, 36의 최소공배수를 같은 방법을 이용하여 구해 봅시다. 소인수분해를 이용해서 구해 보면 다음과 같습니다.

$18=2\times3\times3$

$24=2\times2\times2\times3$

$36=2\times2\times3\times3$

따라서 18, 24, 36의 최소공배수는 $2\times2\times2\times3\times3=72$입니다.

유클리드 호제법을 이용하여 구해 보면 $2\times2\times2\times3\times3=72$입니다.

$$
\begin{array}{r|lll}
3 & 18 & 24 & 36 \\ \hline
2 & 6 & 8 & 12 \\ \hline
2 & 3 & 4 & 6 \\ \hline
3 & 3 & 2 & 3 \\ \hline
 & 1 & 2 & 1
\end{array}
$$

두 수의 최대공약수를 찾으면 최소공배수를 간단하게 찾을 수 있습니다. 즉 두 수의 곱을 최대공약수로 나누면 최소공배수가 됩니다. 이것을 식으로 나타내면 $\frac{(\text{두 수의 곱})}{(\text{최대공약수})}=$ (최소공배수)입니다.

또한 이 식을 통하여 (두 수의 곱)=(최대공약수)×(최소공배수)가 되는 것을 알 수 있습니다.

예를 들어 설명하면 $\frac{10\times12}{2}$를 계산하면 최소공배수 60이 나옵니다.

(두 수의 곱)=(최대공약수)×(최소공배수)에서 최대공약수가 1인 두 수의 최소공배수는 두 수를 곱하여 나온다는 것을 알 수 있습니다. 예를 들면 8과 9의 최소공배수는 8과 9의 곱인 72입니다.

공배수와 최소공배수에 대하여 정리하면 다음과 같습니다.

- 두 개 이상의 수가 있을 때, 공통된 배수를 공배수라고 합니다.
- 공배수 중에서 가장 작은 수를 최소공배수라고 합니다.
- 공배수는 최소공배수의 배수가 됩니다.
- 두 수의 최대공약수가 1인 경우, 두 수의 최소공배수는 두 수를 곱하여 구합니다.

1. **공배수** 두 개 이상의 자연수에서 공통된 배수를 말합니다.

2. **최소공배수** 공배수 중에서 가장 작은 수를 최소공배수라 합니다.

3. 소인수분해와 유클리드 호제법을 이용하여 최소공배수를 구할 수 있습니다.

4. 두 수의 공배수는 최소공배수의 배수와 같습니다.

5. (두 수의 곱)=(최대공약수)×(최소공배수)로 나타낼 수 있습니다. 따라서 최대공약수가 1인 두 수의 최소공배수는 두 수를 곱하여 구합니다.

12교시 공약수와 최대공약수

12교시 학습 목표

1. 최대공약수의 뜻을 알고 두 수의 최대공약수를 구할 수 있습니다.
2. 두 수의 최대공약수를 구하는 여러 가지 방법을 알 수 있습니다.

미리 알면 좋아요

1. 소인수분해와 유클리드 호제법을 이용하여 최대공약수를 간단하게 구할 수 있습니다.

12교시

문제

1 가로가 16cm, 세로가 12cm인 색종이가 있습니다. 남는 색종이가 없이 가장 큰 정사각형을 만든다면 정사각형은 모두 몇 개를 만들 수 있습니까?

그림을 이용하여 만들 수 있는 정사각형의 개수를 구해 보면 다음과 같습니다.

① 한 변이 1cm인 정사각형을 만들 때 : $16 \times 12 = 192$개

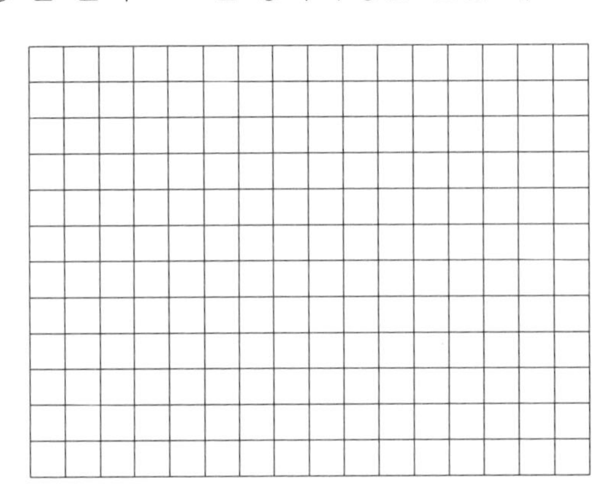

② 한 변이 2cm인 정사각형을 만들 때 : $8 \times 6 = 48$개

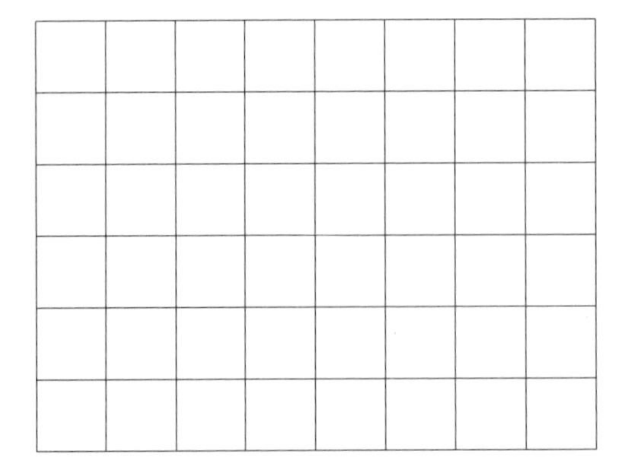

③ 한 변이 4cm인 정사각형을 만들 때 : $4 \times 3 = 12$개

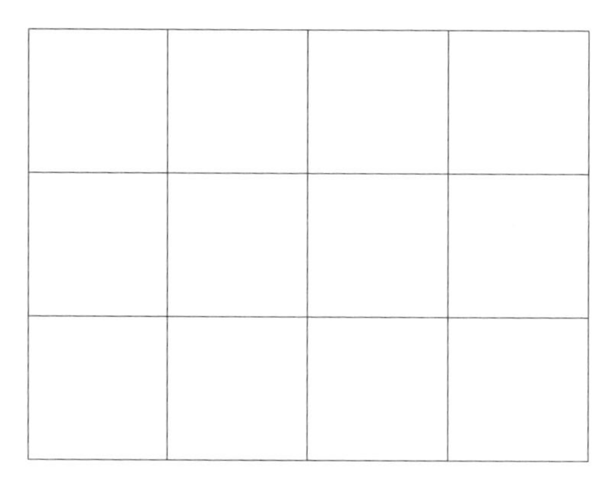

가장 큰 정사각형의 한 변의 길이는 4cm이며, 모두 12개를 만들 수 있습니다.

이번에는 약수를 이용하여 문제를 해결하여 봅시다.

가로 16cm로 만들 수 있는 정사각형의 길이는 1, 2, 4, 8, 16이고, 세로 12cm로 만들 수 있는 정사각형의 길이는 1, 2, 3, 4, 12입니다. 이 중에서 1, 2, 4는 두 수에 공통적으로 들어가는 약수입니다. 16과 12의 공통인 약수 1, 2, 4를 16과 12의 '공약수'라고 합니다. 공약수 중에서 가장 큰 수 4를

'최대공약수' 라고 합니다.

또한 1은 모든 수의 약수가 되고 공약수 중에서 가장 작

은 최소공약수입니다. 최소공약수는 언제나 1이 되기 때문에 중요하게 생각하지 않습니다.

이번에는 최대공약수를 간단하게 구하는 방법을 알아봅시다.

최대공약수를 구하기 위하여 소수의 곱을 나타내어 보면,

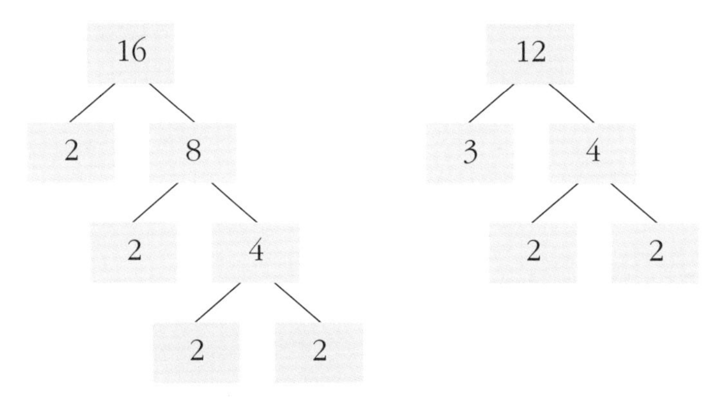

이므로 $16=2\times2\times2\times2$, $12=3\times2\times2$로 소인수분해 할 수 있습니다.

두 수에 공통으로 들어있는 2, $2\times2=4$는 16과 12의 공

약수이며, 2×2는 최대공약수가 됩니다. 또한 공약수는 최대공약수의 약수가 됨을 알 수 있습니다.

7과 8의 공약수는 무엇일까요?

7=7×1

8=8×1

따라서 두 수에 공통으로 들어있는 1이 최대공약수가 됩니다.

세 수 12, 24, 60의 최대공약수와 공약수를 구할 수 있을까요?

수가 여러 개 있어도 그 수 모두를 소인수분해하면 최대공약수를 쉽게 구할 수 있습니다.

12=2×2×3, 24=2×2×2×3, 60=2×2×3×5이므로 세 수에 공통으로 들어있는 2×2×3이 최대공약수가 됩니다. 또한 공약수는 12의 약수인 1, 2, 3, 4, 6, 12가 됩니다.

세 수 18, 24, 36의 최대공약수를 유클리드 호제법을 이용하여 구해 보면 다음과 같이 세 수를 모두 나눌 수 있는 수가 더 없으므로 18, 24, 36의 최대공약수는 $3\times2=6$입니다.

$$\begin{array}{r|rrr} 2 & 18 & 24 & 36 \\ \hline 3 & 9 & 12 & 18 \\ \hline & 3 & 4 & 6 \end{array}$$

여러 가지의 방법 중에서 가장 간단하게 최대공약수를 구하는 방법은 여러분이 이미 알고 있는 **호제법**서로 나누는 방

법입니다. 이 방법은 기원전 300년경에 그리스의 수학자 '유클리드'가 쓴 《원론》이라는 책에 소개되어 있다고 합니다. 유클리드 호제법을 이용하여 기계적으로 최대공약수를 구하는 것도 좋지만 소인수분해를 이용하여 구하는 방법도 알고 있어야 하겠습니다.

최대공약수는 어디에 활용할 수 있을까요?

분수의 계산에서는 최대공약수를 활용하여 쉽고 간단하게 문제를 해결할 수 있습니다. 분자와 분모를 같은 수로 나누어, 크기는 같지만 모양이 다른 분수로 만드는 것을 약분한다고 합니다. 분수를 약분하려면 분자와 분모 양쪽을 나누어떨어지게 하는 수인 공약수를 이용하여 쉽게 약분을 할 수 있습니다. 특히 최대공약수를 이용하여 약분을 하면 기약분수를 만들 수 있습니다. 기약분수는 분자와 분모를 더는 나눌 수 없는 분수, 즉 분자와 분모의 공약수가 1인 가장 간단한 모양의 분수를 말합니다. 기약분수를 이용하면 분수의 계산을 쉽고 간단하게 할 수 있습니다.

분수를 약분할 때에는 최대공약수를 이용하고, 통분할 때에는 최소공배수를 이용하면 분수의 계산을 쉽고 간단하게 할 수 있습니다.

공약수와 최대공약수에 대하여 정리하면 다음과 같습니다.

- 두 개 이상의 자연수에서 공통된 약수를 '공약수' 라고 합니다.
- 두 개 이상의 자연수의 공약수 중에서 가장 큰 수를 '최대공약수' 라고 하며, 최대공약수의 약수는 두 개 이상의 자연수의 공약수입니다.
- 1은 모든 수의 공약수입니다.
- 자연수를 소인수분해한 후 공통된 소인수를 곱하면 최대공약수가 됩니다.
- 분수를 약분할 때는 분자와 분모의 최대공약수를 이용하여 나누고, 분수를 통분할 때는 분자와 분모의 최소공배수를 이용합니다.

공약수와 공배수를 이용한 문제

공약수와 공배수를 이용하여 해결하는 대표적인 문제를 알아보도록 합시다.

문제

2 62를 어떤 수로 나누었더니 나머지가 8이었습니다. 어떤 수는 모두 몇 개입니까?

풀이

구하는 수는 62−8=54의 약수 중에서 나머지 8보다 큰 수입니다.

54의 약수를 구하기 위하여 소인수분해하면 54=2×3×3×3입니다. 54의 소인수를 곱하여 8보다 큰 약수를 찾아보면 3×3=9, 2×3×3=18, 3×3×3=27, 2×3×3×3=54입니다.

따라서 구하고자 하는 답은 9, 18, 27, 54이므로 모두 4개입니다.

문제

③ 가로 9cm, 세로 15cm인 직사각형의 카드를 빈틈없이, 서로 겹쳐지지 않게 늘어놓아서 가장 작은 정사각형을 만들려고 합니다. 카드는 모두 몇 장이 필요

풀이

만들려고 하는 정사각형의 한 변의 길이는 직사각형의 가로 길이의 배수이고, 동시에 세로 길이의 배수이기도 합니다. 즉 가로와 세로의 공배수입니다. 그 가운데에서 가장 작은 것은 최소공배수입니다.

따라서 이 문제는 9와 15의 최소공배수를 구하는 문제입니다.

$9=3\times3$, $15=3\times5$이므로 최소공배수는 $3\times3\times5=45$입니다.

가로는 $45\div9=5$장, 세로는 $45\div15=3$장이므로 카드는 모두 15장이 필요합니다.

문제

④ 어느 지하철역의 1번 선과 2번 선에서 전동차가 오전 8시에 동시에 출발하였습니다. 1번 선에서는 6분마다 출발하고, 2번 선에서는 15분마다 출발합니다. 8시 이후부터 12시까지 두 전동차가 동시에 출발하는 경우는 모두 몇 번입니까?

풀이

이 문제는 6과 15의 공배수를 구하는 문제입니다.

$6=2\times3$, $15=3\times5$이므로 최소공배수는 $2\times3\times5=30$이고, 공배수는 30, 60, 90, 120, 150, …입니다. 두 전동차가 동시에 출발하는 시각은 8시, 8시 30분, 9시, 9시 30분, …, 12시이므로 구하고자 하는 답은 9번입니다.

1. **공약수** 두 개 이상의 자연수에서 공통된 약수를 공약수라 합니다.

2. **최대공약수** 공약수 중에서 가장 큰 수를 최대공약수라 합니다.

3. 소인수분해와 유클리드 호제법을 이용하여 최대공약수를 구할 수 있습니다.

4. 두 수의 공약수는 두 수의 최대공약수의 약수를 이용하여 구할 수 있습니다.